HEYNE BÜCHER SACHBUCH

W0355719

Von Desmond Morris sind als HEYNE-Taschenbuch erschienen:

Babywatching • Band 19/315
Körpersignale – Vom Dekolleté zum Zeh • Band 19/251
Körpersignale – Vom Scheitel bis zum Kinn • Band 19/250
Warum scharren Pferde mit den Hufen? • Band 19/239
Warum wedeln Hunde mit dem Schwanz? • Band 19/214
Warum machen Katzen einen Buckel? • Band 19/183

Desmond Morris

Warum hat das Zebra Streifen?

Körpersprache und Verhaltensformen der Tiere

Übersetzung und fachliche Beratung
Dr. Marcus Würmli

Wilhelm Heyne Verlag
München

HEYNE SACHBUCH
Nr. 19/370

Titel der englischen Originalausgabe:
ANIMALWATCHING. A Field Guide to Animal Behaviour.
Die Originalausgabe erschien 1990 im Verlag Jonathan Cape Ltd., London

Der zweite Teil des Buches erscheint unter dem Titel
»Warum klappert der Storch?«

Taschenbuchausgabe im Wilhelm Heyne Verlag GmbH & Co. KG, München
Copyright © 1990 by Desmond Morris
Copyright © 1991 der deutschen Ausgabe by Wilhelm Heyne Verlag
GmbH & Co. KG, München
Printed in Germany 1995
Umschlagillustration: Tony Stone
Umschlaggestaltung: Atelier Adolf Bachmann, Reischach
Lithographie: reproteam siefert, Ulm
Satz: DTP
Herstellung: Andrea Cobré
Druck und Bindung: RMO, München

ISBN 3-453-04371-5

Inhalt

Bildquellen

Aquila: S. 64 Mitte, 181, 191, 201, 208 oben, 213 oben und Mitte.
Ardea: S. 5 unten, 6, 9 oben, 32 unten links, 41 oben, 43 unten rechts, 44, 49, 58 rechts, 62 unten, 74 rechts, 92, 95, 98 unten, 103, 110 oben, 133 links, 139 oben, 161, 164 links, 175 oben rechts, 177, 185 oben rechts, 196, 206 oben, 213 unten, 216 oben, Mitte und unten, 217 oben, 221.
Biofotos: S. 69 unten, 99, 125 unten, 164 rechts, 179, 187, 196.
Chris Bowden: S. 7.
The British Library: S. 118, 119, 146.
Bruce Coleman: S. 19 oben und Mitte rechts, unten links, 23, 36 links, 39, 43 unten links, 53 oben, 54, 57 oben, 69 Mitte, 72, 75 unten rechts, 102, 110 unten, 114 rechts oben, 121 oben und unten, 123 unten, 125 oben, 131 unten, 139 unten, 149 links und rechts, 153, 155 unten, 165, 168 oben und unten, 169, 172 unten, 182, 183 unten, 193, 204 links, 210 links, 215, 217 unten links, 218.
Eric and David Hosking: S. 123 oben, 130 oben und unten, 144 oben, Mitte und links, 217 unten rechts.
Image Bank/Ocean Images: S. 61 Mitte und unten.
Jacana: S. 59, 60, 64 unten rechts, 66 oben und unten, 67, 156 oben und unten, 171 unten, 180 links, 185 oben links, 206 unten.

Frank Lane Pictures Agency: S. 115, 190 oben links.
Mantis Wildlife: S. 5 oben, 9 unten, 36 rechts, 50 oben rechts, 62 oben, 64 unten links, 69 oben, 86, 108 oben, 160, 211.
The Museum of Modern Art: S. 18.
The National Audubon Society/Photo Researchers Inc.: S. 142.
Trustees of the Natural History Museum: S. 40.
Natural History Photografic Agency: S. 5 Mitte, 10, 14 oben, 30, 32 rechts, 35, 43 oben, 50 oben links, 64 oben, 80 unten, 84, 97 oben, 98 oben, 100 rechts, 105 unten, 108 unten, 112 unten, 131 oben, 150, 163, 190 oben rechts, 194 oben und unten, 202 rechts, 208 unten, 218 unten.
Natural Science Photos: S. 19 oben links (P. & S. Ward) und Mitte links (K. Cole), 24 unten (A. Watts), 50 unten (C. Banks), 52 (I. Bennett), 57 unten (C. Mattison), 58 links (J. Hobday), 75 oben und unten links (P. & S. Ward), 88 (D. Hill), 90 (D. Hill), 107 oben und unten (P. & S. Ward), 112 oben und unten links (P. & S. Ward), 186 unten (M. Chinery), 186 oben (G. Newlands).
Oxford Scientific Films: S. 14 unten, 17, 29 oben und unten, 31, 34 unten links, 37 unten, 51 oben und unten, 53 oben, 71 oben und unten, 73, 74 links, 75 oben rechts, 78 unten links, 79, 80 oben, 83, 105, 113, 114 unten, 133 rechts, 135 oben, 145, 172 oben, 173 oben und unten, 183 oben, 203, 204 rechts, 220.

Planet Earth Picture: S. 24 oben, 37 oben links, 46 unten links, 48, 78 oben und unten rechts, 85, 89, 90 rechts, 93, 97 unten, 100 links, 135 unten, 151 links und rechts, 180 rechts, 183 Mitte, 189 unten, 200, 202 links, 207 oben und unten.
Scala: S. 141 rechts.
Sothebys: S. 141 links.
Okapia: S. 3.
Survival Anglia: S. 37 oben rechts, 46 oben, 87, 155 oben, 167, 171 oben links und rechts, 175 links, 185 unten rechts, 189 oben, 190 unten, 210 rechts.
Tony Stone: S. 13, 20.
Zefa Picture Library: S. 34 oben und unten rechts.
Zoo Operation Ltd: S. 19 unten rechts, 46 unten rechts.

Einführung: Der Tierbeobachter

Als Junge war es eines meiner größten Vergnügen, Tiere zu beobachten. Meine ganze Freizeit galt den Hunderten von Tieren, die ich zu Hause hielt, und den Wildtieren in der Landschaft um Wiltshire. Ich widmete ihnen soviel Zeit, daß ich wie sie zu denken und die Welt von ihrem Standpunkt aus zu betrachten begann. Und ich identifizierte mich mit ihnen so sehr, daß ich Menschen, die auf Tiere Jagd machten, mit der Zeit als Feinde ansah. Damals war das eine völlig unzeitgemäße Anschauung. Jagen, Schießen und Fischen war allgemein verbreitet und galt als normal. In der englischen Landschaft, in der ich umherstreifte, tat es praktisch jeder. Aus irgendeinem Grunde war ich jedoch von klein auf dagegen. Mir waren die Füchse lieber als die Hunde, die Füchse jagten. Ich fand wilde Vögel faszinierender als die Menschen, die auf sie Jagd machten. Und ich haßte all die fröhlichen Angler mit ihren scharfen Haken, die nicht begriffen, was sie einem Fisch antaten, wenn sie ihn aus seiner nassen Welt in unsere trockene zogen.

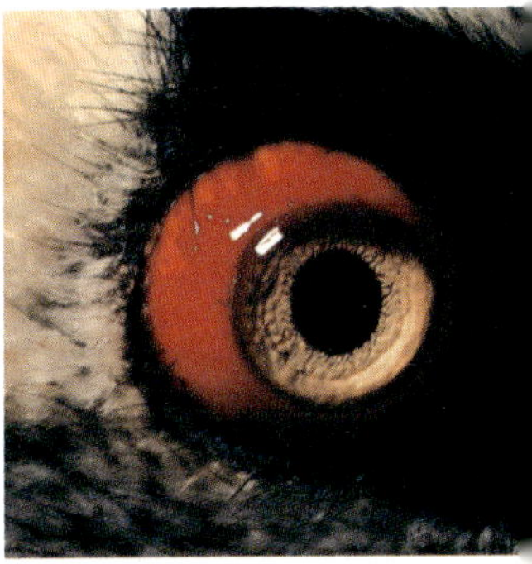

Vor allem wollte ich die Welt der Tiere verstehen. Es gab da so viele Geheimnisse, daß ich kaum wußte, wie oder wo ich beginnen sollte. Ich versuchte, näher an die Tiere heranzukommen, und fand heraus, daß das erste große Geheimnis darin bestand, möglichst lange still zu sitzen. Mir fiel auf, daß die meisten Menschen, auch erfahrene Naturforscher, dauernd durchs Unterholz und durch Wälder und Felder streiften, immer auf der Suche nach etwas Neuem. Mir erschien die umgekehrte Strategie viel besser: nämlich zu warten, bis die Natur zum Beobachter kam, anstatt ihr ungeschickt hinterherzulaufen.

Als jemand einmal Picasso fragte, wie er denn male, antwortete er: »Ich suche nicht, ich finde.« Bereits in meiner Kindheit war genau das der Weg, wie ich die Tiere studierte. Wenn man durch ein Feld oder einen Wald geht, versetzt man alle Lebewesen, die sich darin befinden, in Alarmzustand. Der sich bewegende menschliche Körper ist groß, auffällig und wird als Eindringling empfunden. Setzt man sich hingegen ruhig hin, wird man nach einer gewissen Zeit sozusagen unsichtbar. Die Natur nimmt ihre Tätigkeit wieder auf, und die Tiere zeigen wieder jene Verhaltensweisen, die durch das eigene Erscheinen jäh unterbrochen wurden. Das gilt für alle Lebensräume, für eine Wüste oder einen Wald ebenso wie für das Korallenriff.

Als ich noch sehr klein war, baute ich mir aus alten Brettern und

Ölfässern ein Floß. Ich ließ es in einem kleinen See zu Wasser und legte mich auf die Holzplanken, das Gesicht ganz nahe am Wasser. Das Floß trieb langsam ab und störte niemanden. Durch die spiegelglatte Oberfläche hindurch sah ich einen riesigen Hecht, der wie ein gefährliches U-Boot auf Beute wartete. Nichtsahnend näherte sich ihm eine Gruppe junger Rotaugen. Im letzten Augenblick erkannten sie die Gefahr und schlossen sofort die Reihen, bevor sie davonschossen. Durch das Zusammenrücken erhöhten sie die eigene Sicherheit. Ich war diesem Geschehen so nahe, daß ich geistig langsam in ihre Welt eindrang und lebhaftesten Anteil an den dramatischen Geschehnissen nahm.

Dies alles geschah vor einem halben Jahrhundert, noch bevor die Atemgeräte für Taucher erfunden waren. Aber ich war damit der Welt des Wassers schon so nahegekommen, daß sie mich ein Leben lang nicht mehr losließ. Das tat natürlich meinem Interesse an Säugern, Vögeln und Reptilien keinen Abbruch. Es erweiterte meine Untersuchungen nur um eine neue Dimension. Ich wollte unbedingt alles über die einfachsten wie die komplexesten Tiere wissen, und mein Hunger kannte keine Grenzen. Es war ohne Zweifel meine Bestimmung, Zoologe zu werden.

Als ich schließlich meinen Doktortitel in Zoologie gemacht hatte, stand ich vor einem großen Problem. Ich wollte mir die Faszination der Kindertage bei meiner Berufskarriere als Erwachsener erhalten. Am liebsten wollte ich Experimente an Tieren durchführen. Damals war die Zoologie jedoch in einer Phase, die Laborversuchen das größte Gewicht zumaß, und das reizte mich überhaupt nicht. Ich war einfach nicht bereit, so mit Tieren umzugehen. Ich betrachtete mich als ihnen zugehörig, und es kam für mich keinesfalls in Frage, mir meinen Lebensunterhalt dadurch zu verdienen, daß ich an meinen Freunden schmerzhafte Experimente durchführte. Es sah daher so aus, als müßte ich mir einen anderen Beruf suchen.

Gerade als ich im Begriff war, die Zoologie aufzugeben, hatte ich das Glück, einen Vortrag des großen Verhaltensforschers Niko Tinbergen zu hören. Ich hatte keine Vorstellung, was Verhaltensforschung oder Ethologie wirklich war, fand es aber schnell heraus. Es war die

Untersuchung tierischen Verhaltens, wie es jeder Naturforscher betreiben kann. Tinbergen bewies, daß ein wissenschaftliches Studium von Tieren möglich ist, indem man sie einfach beobachtet. Man mußte die Beobachtungen nur systematisch und analytisch anlegen. Auf diese Weise gelangen Feldexperimente, bei denen das Tier möglichst wenig gestört wurde. Tinbergen lehrte uns, wie man durch quantitative Auswertung von Feldbeobachtungen, die auch Amateure durchführen konnten, professionelle wissenschaftliche Arbeit leisten konnte.

Für mich war das wie eine Offenbarung. Es bedeutete, daß ich durch sorgfältiges Zählen und Registrieren verschiedener Handlungen von Tieren innerhalb bestimmter Zeitabschnitte komplizierte Analysen durchführen konnte, die dazu beitrugen, die verwickelten Verhaltensmuster vieler Arten zu enträtseln. Dieses Verfahren bedeutete Sicherheit: Anstatt nur Vermutungen anzustellen, daß das Vorhandensein eines roten Flecks oder die Bewegung des Schwanzes vielleicht ein Droh- oder Balzsignal bedeuteten, konnte ich dies nun beweisen. Da gab es für mich kein Zurück mehr. Eine ganze neue Welt zoologischer Forschung lag offen vor mir und läßt mich seit jener Zeit nicht mehr los.

Nachdem ich ungefähr fünfzig wissenschaftliche Arbeiten über Verhaltensforschung verfaßt hatte, wollte ich mich an ein größeres Publikum wenden: Ich ging zum Fernsehen und bemühte mich Woche für Woche, meine Begeisterung für die Tierwelt über den Bildschirm zu vermitteln. Bis dahin hatte ich mich nur mit Fischen und Vögeln beschäftigt. Doch nun weitete ich meine Studien auch auf die Säuger aus und wurde schließlich Kurator der größten Sammlung von Säugetierarten der Welt, des Londoner Zoos. Hier konnte ich zusammen mit einem Team junger Forscher die Verhaltensstudien auf Gebiete ausdehnen, die Zoologen normalerweise verschlossen sind. Ich konnte genausogut über Marmosetten wie über Elefanten arbeiten. In besonderem Maße interessierten mich die Menschenaffen, und ich befaßte mich lange mit der Beobachtung von Schimpansen. Zu dieser Zeit stellte ich fest, daß man Menschen auf die gleiche Art wie andere Lebewesen untersuchen konnte. So studierte ich nach den Schimpansen das Verhalten jenes merkwürdigen Wesens, das ich den »nackten Affen« nannte.

Ich wandte dieselben Verfahren der Zoologie auch auf die Men-

schen an und beobachtete sie, anstatt mit ihnen zu sprechen. Auf diese Weise erfuhr ich sehr viel darüber, wie Menschen miteinander in Beziehung treten. Ich veröffentlichte die Ergebnisse in einem Buch mit dem Titel *Manwatching (Der Mensch, mit dem wir leben)* und fuhr die nächsten 20 Jahre mit meinen Beobachtungen jener bizarren Art Homo sapiens fort.

Obwohl dieses Werk eigentlich aus lebenslanger Tierbeobachtung hervorging, hatte ich den Vorläufer dazu selbst nie geschrieben. Zunächst war ich zu sehr mit wissenschaftlichen Arbeiten beschäftigt, und später spezialisierte ich mich auf Studien des menschlichen Verhaltens. Schließlich nahm ich an, daß inzwischen ein anderer Forscher ein Pendant zu *Manwatching* über die Tiere geschrieben haben mußte, und hielt Ausschau danach. Zu meiner Überraschung gab es ein solches Buch aber nicht. Ich fand zwar eine beträchtliche Zahl hervorragender wissenschaftlicher Lehrbücher über Tierbeobachtung, doch hatte sich bisher offensichtlich noch niemand die Mühe gemacht, die Beobachtung von Tieren dem normalen Leserpublikum nahezubringen. So kam

es, daß ich dieses Buch schließlich selbst verfaßte.

Anstatt darin Theorien und akademische Abstraktionen zu diskutieren, habe ich mich auf solche Verhaltensmuster von Tieren konzentriert, die jeder Interessierte sehen und beobachten kann. Es ist von großem Nutzen, wenn man über eine größere Zahl klarer unterschiedlicher Konzepte und Vorstellungen verfügt, die man schnell und leicht auf die bisweilen verwirrende Vielfalt tierischer Verhaltensweisen anwenden kann. Deswegen habe ich jedes Kapitel kurz gehalten. Es umfaßt nicht mehr als einige Seiten und beschreibt die auffälligsten Beispiele für die betreffende Verhaltensweise.

Wer sich wirklich ernsthaft mit tierischen Verhaltensweisen beschäftigen will, muß von einer grundlegenden Voraussetzung ausgehen: Jeder Farbfleck, jede etwas merkwürdige Haltung, jede Bewegung eines Tiers hat eine besondere Bedeutung. Und all diese Farben und Verhaltensweisen kann man durch näheres Studium verstehen lernen. Es gibt nichts, was man im Tierverhalten nicht erklären könnte, sofern man genügend Zeit und Geduld für die Beobachtung aufwendet. Jede Verhaltensweise hat ihren Sinn und verbessert in irgendeiner Hinsicht die Überlebenschancen der betreffenden Tierart. Am Ende können alle Geheimnisse der Tierwelt gelöst werden.

Einige Romantiker mögen dies als bedauerlich empfinden. Sie ziehen es vielleicht vor, die Geheimnisse der Natur möglichst im dunkeln zu belassen. Sie meinen vielleicht, die Schönheiten der Natur würden durch eine Erklärung zerstört. Doch das ist falsch. Wenn wir wissen, daß zum Beispiel ein Balztanz oder besonders helle Farben der Verteidigung des Territoriums oder der Fortpflanzung der Art dienlich sind, schmälert das nicht deren Schönheit. Wenn wir die Bedeutung des Vogelgesangs kennen, kann er uns dennoch entzücken. Die romantisch begründete Weigerung, Erklärungen zu suchen, führt in die falsche Richtung und auch zu gefährlichen Vorurteilen. Für den Romantiker ist ein Paradiesvogel viel aufregender als ein simpler Haussperling. Jedes Tier, das oberflächlich betrachtet etwas eintönig aussieht, wird einfach ignoriert, ja vielleicht sogar mißhandelt. Für die Verhaltensforscher hingegen ist jede Art faszinierend, weil sie den Endpunkt eines Evolutionsgeschehens darstellt, das Jahrmillionen gedauert hat. Jede Tierart hat ihr eigenes, hochkompliziertes Verhaltensrepertoire zum Überleben. Scheinbar langweilige Arten werden plötzlich ungeheuer aufregend, wenn man ihre Verhaltensweisen näher kennenlernt. Das Sozialverhalten des Haussperlings ist für den ernsthaften Tierbeobachter genauso interessant wie das Verhalten des Paradiesvogels.

Das Wort Tiere umfaßt alle Lebewesen von den Amöben bis zu den Elefanten. Die Tierbeobachtung reicht also von mikroskopisch kleinen Lebewesen bis zu den Riesen unter den Säugetieren. Ich muß allerdings zugeben, daß ich in diesem Buch altvertrauten Arten den Vorzug gegeben habe. Es hat nämlich wenig Sinn, Verhaltensmuster bei Tieren zu beschreiben, die äußerst schwierig zu beobachten sind. So blieb die mikroskopische Welt zum größten Teil ausgeklammert, einfach aus dem Grund, weil kaum jemand ein Mikroskop besitzt. Ich habe mich hier auf die höheren Formen beschränkt, nicht nur weil sie leichter zu beobachten sind, sondern auch weil sie mehr Bedeutung haben für unsere eigene Art. Wir können von Affen mehr über uns selbst erfahren als von Amöben. Und wenn wir uns in unserer modernen Welt umsehen, so wird uns klar, daß wir möglichst viel über uns selbst lernen sollten.

In meinen Büchern über das Verhalten des Menschen bin ich zu der Feststellung gelangt, daß wir nichts weiter als besonders eingebildete Lebewesen sind. Je eher wir dies einsehen, um so besser für uns. Als Menschenaffen, die Karriere gemacht haben, beherrschen wir diesen kleinen Planeten heute so effizient, daß wir Gefahr laufen, ihn vollends zu zerstören. Zu unserem eigenen Vorteil können wir von den Tieren sehr viel lernen. Es ist höchste Zeit, daß wir uns die Muße nehmen, uns hinzusetzen und die anderen Lebewesen zu beobachten, mit denen wir die Erde teilen. Sie könnten uns viel beibringen, und ich hoffe, die folgenden Seiten werden Ihnen eine Vorstellung davon vermitteln.

Warum hat das Zebra Streifen?

Manche Menschen sind entsetzt, wenn sie erfahren, daß wir für ganz simple Erscheinungen bei Tieren noch keine endgültigen Erklärungen haben. Trotz der ungeheuren Informationsmengen, welche die Wissenschaft bereits angesammelt hat, gibt es noch viel zu erforschen, und dies ist sicher einer der größten Anreize für die Tierbeobachtung. Man hat dabei immer das Gefühl, daß irgend etwas geschehen wird, was zu einer Neuentdeckung führt. Und gleichgültig, wie geringfügig diese Entdeckung auch sein mag, es ist jedesmal wieder ein aufregendes Erlebnis, wenn man eine Naturerscheinung zum erstenmal versteht.

Oft fehlt es uns nicht an Antworten auf eine Frage – ganz im Gegenteil: Wir haben zu viele. Und jede erscheint uns plausibel, doch wir können nicht mit Sicherheit sagen, welche zutrifft. Zur endgültigen Klärung brauchen wir neue Beobachtungen und Einsichten. Wir wollen das an einem Beispiel näher erläutern.

Lange Zeit galt es als gesichert, daß die Streifenzeichnung der Zebras zur Tarnung dient. Doch selbst wenn sie im Unterholz sind, überzeugt dieser Erklärungsversuch nicht. Überdies verbringen Zebraherden den weitaus größten Teil ihres Lebens in der offenen Savanne, wo die Streifen nicht als Tarnung dienen können. Deswegen muß man nach anderen Erklärungen suchen.

Jedermann weiß, daß das Zebra schwarz-weiß gestreift ist. Warum hat es aber diese Streifen? Welche Aufgabe erfüllen sie, und sind sie für das Überleben des Zebras von Bedeutung? Und was können wir durch sorgfältige Beobachtungen erfahren?

Die herkömmliche Erklärung besagt, daß die Streifen zur Tarnung dienen und die Umrisse des Tieres auflösen. Dadurch können hungrige Raubtiere das Zebra weniger gut erkennen. Auf freier Savanne und in voller Sonne seien die Zebras leicht zu sehen, heißt es, im Schutze von Dickicht in der Morgen- und Abenddämmerung hingegen, wenn die Raubtiere besonders aktiv und das Licht schwach ist, seien sie gut getarnt. Ein erfahrener Wildbeobachter behauptete übereinstimmend damit, es sei möglich, sich bis auf rund vierzig Meter einem Zebra zu nähern, ohne es unter solchen Bedingungen zu erkennen. Und man werde auf das Tier nur dann aufmerksam, wenn es sich selbst durch ei-

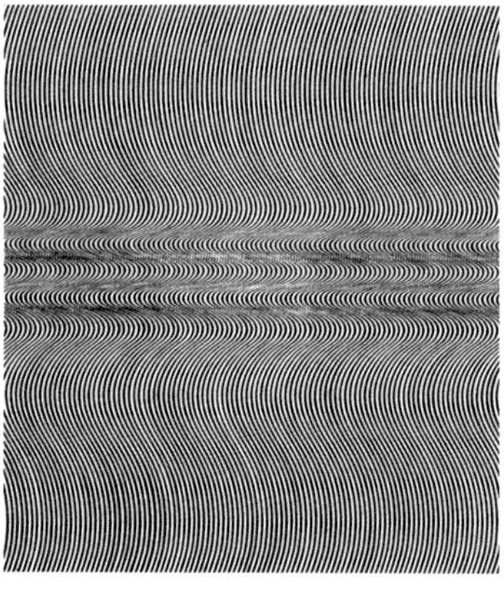

Eine Theorie besagt, das lebhafte Zeichnungsmuster mit den schwarzen und weißen Streifen würde einen möglichen Gegner verwirren – ähnlich wie die Op-art-Gemälde von Bridget Riley. Diese Erklärung klingt zwar plausibel, doch tatsächlich fehlt jeder Beweis dafür.
Einer anderen Theorie zufolge dient das Streifenmuster der Arterkennung. Auf der gegenüberliegenden Seite sind die Zeichnungsmuster der drei Arten dargestellt: des Steppenzebras (oben), des Grevyzebras (Mitte) und des Bergzebras (unten). Die Unterschiede fallen aber nicht so sehr ins Auge, wie man eigentlich erwarten müßte, wenn sie der Isolierung der drei Arten dienten. Von der Seite gesehen, sind die Unterschiede sehr gering. Nur am Hinterende des Körpers sind deutliche Unterschiede zu erkennen. Das bedeutet, daß ein Zebra auf dem Flucht dem »Spiegel« der eigenen Art folgen kann.

Eine weitere Theorie sieht in den Streifen ein Hilfsmittel zum gegenseitigen Erkennen, ein Identifikationsmerkmal, ähnlich unseren Fingerabdrücken. Damit sei jedes Tier einer Herde individuell gekennzeichnet. Ein Vergleich der Gesichtszeichnung dieser vier trinkenden Zebras bestätigt, wie sehr sich die Zeichnungsmuster unterscheiden.

ne Bewegung des Schwanzes oder durch eine Kopfdrehung verrate. Unter völlig gleichen Bedingungen könne man Antilopen noch aus 200 Meter Entfernung erkennen.

Diese Erklärung wurde lange Zeit akzeptiert, wird heute aber in Frage gestellt. Das Verhalten des Zebras stimmt mit dem beschriebenen Bild einfach nicht überein, denn sie halten sich nicht reglos im Unterholz auf. Im Vergleich zu vielen anderen Huftieren der afrikanischen Savannen sind sie außerordentlich lebhaft und lärmig und versuchen überhaupt nicht, sich im Unterholz zu verstecken. Im Gegenteil: Sie ziehen es vor, gruppenweise in der offenen Savanne zu ruhen, wo sie mit ihrem scharfen Sinn leichter verdächtige Geräusche, Gerüche und Bewegungen in der Umgebung wahrnehmen können. Auf eine Gefahr reagieren sie mit möglichst schneller Flucht; sie bleiben nicht stehen und verstecken sich nicht. Mit anderen Worten: Ihr Verhalten in der Natur stimmt nicht mit der Erklärung überein, die seit Jahrzehnten in den Lehrbüchern wiederholt wird. Die Wissenschaftler müssen eine andere Antwort suchen.

Wer schon an einer Safari in den ostafrikanischen Savannen teilgenommen hat, weiß, wie auffällig die Zebrastreifen sind und wie leicht es fällt, eine Herde Zebras in jeder beliebigen Umgebung auszumachen. Vielleicht haben diese Streifen sogar die Aufgabe, aufmerksam zu machen. Und wenn das zutrifft, warum? Darauf könnte man antworten, daß sie den Löwen, den Hauptfeind des Zebras, durch eine optische Täuschung verwirren sollen. Wenn man beispielsweise einen gestreiften Gegenstand mit einem sonst identischen, aber anders gestreiften Gegenstand vergleicht, so hat man nicht den Eindruck, daß sie gleich groß sind. Wenn die Streifen gegen die Umrisse des Gegenstandes laufen, erscheinen diese diskontinuierlich, und die Gesamtgestalt wird aufgelöst. Aus optischen Gründen sieht dann der Gegenstand größer aus, als er in Wirklichkeit ist. Deswegen haben Forscher schon das Argument ins Feld geführt, diese Illusion würde dazu führen, daß ein Löwe beim Angriff die Entfernung nicht richtig einschätzt und der Sprung zu kurz gerät.

Wenn man Filme genau studiert, die Löwen bei der Zebrajagd zeigen, kommt man jedoch zu einem anderen Ergebnis. Wenn ein Löwe nahe genug herankommt, um zum Angriff überzugehen, so tut er dies normalerweise mit viel Geschick. Ihm unterläuft nicht die geringste Fehlkalkulation. Wenn Zebras dennoch entkommen, so liegt das an ihrer Wachsamkeit, ihrer Schnelligkeit und schließlich ihrem Durchhaltevermögen. Der Löwe fängt die langsamen Tiere, die jungen, die alten und die kranken, denn sie sind über längere Distanzen nicht schnell genug.

Eine dritte Erklärung behauptet, die schwarzen und weißen Streifen würden den Löwen bei der Annährung an das Beutetier verwirren und es ihm erschweren, sich auf das fliehende Opfer zu konzentrieren. Das ist das Prinzip der Op-art. Jeder, der schon einmal vor einem Gemälde von Bridget Riley gestanden hat, weiß, was hier gemeint ist. Wenn man die Linien betrachtet, scheinen sie sich dauernd zu verschieben und zu flimmern. Man verspürt bald ein mächtiges Verlangen wegzusehen, weil man schmerzhaft verwirrt ist.

In der Theorie hört sich diese Erklärung ganz sinnvoll an, denn das Zebramuster sieht, aus der Nähe betrachtet, wirklich sehr verwirrend aus. Doch die Fakten stützen auch hier die Hypothese nicht. Wie bei der Fehleinschätzung der Körpergröße gibt es keinerlei Hinweise darauf, daß ein optisch irritierendes Muster einen hungrigen Löwen verwirrt, der nahe genug an das Beutetier herangekommen ist.

Einem weiteren Erklärungsversuch zufolge bringen die Streifen einen Löwen deswegen in Verwirrung, weil er nicht mehr mit Sicherheit weiß, wo das eine Zebra endet und das andere beginnt. Die Herde flieht im allgemeinen zusammen. Dieser Theorie zufolge zerfließen dabei die individuellen Umrisse, so daß die ganze Herde wie ein einziges großes, schwarz-weiß gestreiftes Muster aussieht. Da Löwen stets ein Individuum vor dem Angriff von der Herde zu isolieren versuchen, wirkt diese Theorie auch nur auf dem Papier sinnvoll. Die Realität ist anders, denn die Löwen versuchen stets ein zurückbleibendes Einzeltier von seiner Herde zu trennen.

Vielleicht spielen die Streifen gar keine Rolle bei der Verteidigung gegenüber Raubtieren. Vielleicht käme eine Herde vollkommen grauer Zebras, was Räuber anbelangt, ebensogut oder ebenso schlecht zurecht. Vielleicht liegt die Antwort in der Welt der Zebras selbst. Könnte es sein, daß die Streifen gar nicht für Löwenaugen, sondern für die Augen anderer Zebras bestimmt sind?

Eine Hypothese sagt, die Zebras könnten anhand der Streifen feststellen, welcher Rasse eines angehört. Heute gibt es drei Zebraarten. Im Norden des Verbreitungsgebietes lebt das große Grevyzebra mit seinen sehr feinen, dicht zusammenstehenden Streifen. Im Zentrum des Verbreitungsgebiets lebt das Steppenzebra mit vielen verschiedenen Unterarten, die jedoch alle breite, kräftige Streifen haben. In den Hochländern Südafrikas begegnen wir dem äußerst seltenen Bergzebra, dessen leuchtende Streifen an den Flanken stärker vertikal ausgerichtet

Eine Erklärung, die erst vor kurzem aufgestellt wurde, behauptet, die Streifen würden das Zusammengehörigkeitsgefühl stärken. Damit hätten die Streifen die gleiche Funktion wie die bunten Trikots eines Fußballclubs.

sind. Experten können die drei Arten auf den ersten Blick auseinanderhalten, während weniger geschulte Beobachter einfach ein Zebra erkennnen. Und das zeigt schon, wie schwach das Argument ist. Wäre nämlich die Arterkennung die Aufgabe dieser Streifen gewesen, so hätten sich die Muster doch sehr viel mehr auseinanderentwickeln müssen. In Wirklichkeit scheint aber das Gegenteil eingetreten zu sein, denn in anderer Hinsicht unterscheidet sich das Grevyzebra sehr stark vom Steppenzebra. Offensichtlich haben sich die Streifenmuster der beiden Arten eher aufeinander zu- als auseinanderentwickelt. Mit einer

Die senkrechte Musterung könnte sich zur Verstärkung sozialer Bindungen entwickelt haben. Während ihrer gegenseitigen Körperpflege (oben) drehen die Zebras ihre Hälse, was zur Bildung senkrechter Hautfalten führt (links). Die Streifenmusterung könnte sich dann als optischer Verstärker dieser Hautfalten herausgebildet haben. Später habe sich die Zeichnung über den ganzen Körper ausgebreitet.

Ausnahme allerdings, und diese betrifft das Hinterteil. Dort zeigen die Tiere ganz unterschiedliche, deutlich erkennbare Muster. Beim Grevyzebra sehen wir einen deutlichen zentralen Streifen, den Aalstrich, der von einem breiten weißen Feld umgeben ist. Beim Steppenzebra reichen die breiten Streifen deutlich bis zum Aalstrich. Das Bergzebra hingegen hat am Ende des Rückens ein feines gitterartiges Muster. Am Hinterteil sind also die weitaus größten Zeichnungsunterschiede zu erkennen, und anscheinend funktioniert hier die Arterkennung. Das erklärt jedoch nicht, warum sich die Streifenmuster auf dem übrigen Teil des Körpers mehr ähneln. Der Vergleich mit anderen Huftierarten zeigt deutlich, daß das Hinterteil die bevorzugte Stelle für arttypische Zeichnungsmuster darstellt. Dafür gibt es auch einen guten Grund. Wenn die Tiere in Panik fliehen, brauchen sie nur dem Zeichnungsmuster (»Spiegel«) des vorauslaufenden Tieres zu folgen. Auf diese Weise bleibt die Herde zusammen. Selbstverständlich sehen die Tiere auf der Flucht am deutlichsten das Hinterteil des Artgenossen und nicht etwa dessen Flanken.

Eine weitere Möglichkeit besteht darin, daß die Streifen bei viel näherem Hinsehen als individuelles Identifikationsmittel dienen. Es trifft ohne Zweifel zu, daß keine zwei Zebras exakt dieselben Streifenmuster aufweisen. Es ist, als trüge jedes Tier auf der Haut einen riesigen Fingerabdruck, der so individuell gestaltet ist, daß er das persönliche Erkennen möglich macht. Es ist absolut denkbar, daß dieser Mechanismus funktioniert und daß sich die einzelnen Mitglieder einer Herde anhand des Musters erkennen können. Auf der anderen Seite überzeugt dieses Argument aber auch wieder nicht, denn die einzelnen Tiere einer Herde von Wildpferden, die überhaupt keine Streifenmuster aufweisen, kennen sich ebenfalls individuell, und das gilt auch für Gruppen von Hauspferden. Ohne diese Fähigkeiten wäre eine Sozialstruktur wie in diesen Herden unmöglich. Streifen sind dazu also nicht unbedingt notwendig. Deswegen kann das persönliche Wiedererkennen wohl kaum der Hauptgrund für das berühmte schwarz-weiße Zeichnungsmuster der Zebras gewesen sein.

Eine viel ausgeklügeltere Hypothese behauptet, die Streifen würden die Bindung zwischen den Mitgliedern einer Herde auf optische Weise verstärken. Ihr zufolge fühle sich jedes Zebra stärker seiner Gruppe zugehörig, als es das sonst täte, wenn es keine Farben oder Muster aufwiese. Die klare lebhafte Zeichnung falle dem Zebra immer wieder in die Augen und gebe ihm das Gefühl einer starken Identität, ähnlich wie Mitgliedern eines Fußballclubs, die auffällig gemusterte Trikots tragen. Das mag vielleicht zutreffen. Wenn dies jedoch der Fall ist, warum mußten es dann gerade senkrechte Streifen sein? Hier wird die Hypothese geradezu genial. Sie behauptet, daß Zebras – im Gegensatz zu Antilopen – einen großen Teil des Tages damit verbringen, untereinander Körperpflege zu betreiben, besonders in der Halsregion. Von dieser gegenseitigen Körperpflege (»Grooming«) profitieren beide beteiligten Individuen, da sie auf die Hilfe des anderen angewiesen sind. Körperpflege verstärkt freundschaftliche Bande. Bei dieser Tätigkeit biegen die Tiere ihre Hälse gegeneinander, so daß die Haut senkrechte Falten wirft. Während sich die Tiere gegenseitig die Halsregion beknabbern, sehen sie diese senkrechten Hautfalten. Dieses Streifenmuster wird für sie gleichbedeutend mit sozialer Bindung. Während der Evolution wurde dieses Muster nun durch auffällige Farben überhöht. Es breitete sich über den ganzen Körper aus und führte zum heutigen Zeichnungsmuter des Zebras.

Diese Hypothese könnte den Unterschied zwischen den Zebras und den einfarbigen Antilopen erklären, die Seite an Seite mit den Zebras leben. Sie bleibt jedoch die Antwort auf die Frage schuldig, warum Wildesel und Pferde keine Streifen aufweisen. Es wurden dafür zwar einige Argumente ins Feld geführt: Zum Beispiel sollen die Wildesel der nordafrikanischen Wüsten in derart kleinen Gruppen leben, daß ihre Bindung nicht auf diese Weise verstärkt werden muß. Oder: Das Winterfell der nördlichen Pferde sei zu zottig, um die Ausbildung eines Streifenmusters zuzulassen. Diese Gründe wirken aber irgendwie nicht überzeugend. Ohne Zweifel gab es in der Vergangenheit viel größere Herden von Wildeseln, und daß ein lebhaftes Muster auf einem dicken Winterfell nicht möglich sei, widerlegt schon ein Blick auf ein Stinktier oder einen Panda.

Eine andere, ebenso geniale Theorie sieht im Zeichnungsmuster weder ein Signal für Räuber noch für andere Zebras selber, sondern für schädliche Insekten. Sie behauptet, Krankheitsüberträger würden auf derart merkwürdigen Oberflächen wie den leuchtend weißen und schwarzen Streifen nur ungern landen. Das Muster störe sie, und sie zögen es vor, sich auf einem weniger auffällig gezeichneten Fell niederzulassen.

Diese Hypothese wird von der Tatsache gestützt, daß Zebras viel weniger unter bestimmten, von Insekten übertragenen Krankheiten leiden als andere Pferdeverwandte. Das Hauspferd beispielsweise ist im tropischen Afrika sehr anfällig. Vielleicht liegt der Grund darin, daß es einfach mehr Insekten anzieht. Es gibt jedoch auch einen Einwand gegen diese Hypothese, denn in einem großen Teil des Verbreitungsgebiets der Zebras stellen Insekten kein größeres Problem dar.

Deswegen wirkt auch dieser Erklärungsversuch irgendwie nicht schlüssig.

Schließlich behauptet eine letzte überraschende Theorie, die schwarzen und weißen Streifen dienten im wesentlichen der Kühlung. Jedermann weiß, daß helle Kleidung im Sonnenschein besser ist als schwarze, denn die schwarze Farbe absorbiert mehr Wärme. Durch die scharf voneinander abgesetzten schwarzen und weißen Zonen auf der Haut sollen der Theorie zufolge auf der Haut winzige kreisförmige Brisen entstehen, die zur Abkühlung führen. Dabei wird darauf hingewiesen, daß das ausgestorbene Quagga – ein Zebra mit erheblich weniger Streifen – aus dem kühleren Südafrika stammte, und daß auch die nördlichen ungestreiften Pferde in kälterem Klima leben. Mit anderen Worten: Je heißer das Klima, um so mehr Streifen zeigen die pferdeverwandten Tiere.

Leider steht auch diese Theorie auf wackligen Füßen. Das Bergzebra stammt ebenfalls aus dem kühleren Süden, hat jedoch auffällige Streifen. Und die nordafrikanischen Wildesel überleben in einem der heißesten Gebiete der Erde und haben doch keine Streifen.

Das waren die neun Theorien zur Erklärung des Streifenmusters der Zebras. Jede Theorie hat etwas für sich und überzeugt doch nicht völlig. Nichts hätte uns die Faszination heutiger zoologischer Forschung besser darlegen können. Die Tierwelt ist voller halbgelöster Rätsel dieser Art. Oft führen neue Beobachtungen auch zur Formulierung einer neuen Theorie. Bisweilen überzeugt sie so, daß man alle alten Vorstellungen aufgeben kann. Viel öfter zeigt es sich jedoch, daß auch sie ihre Schwächen aufweist. Aus vielen allgemeinen Theorien wurden deswegen »Spezialfälle«, die einen Teil, aber eben nicht alles erklären.

Im Fall des Zebras wäre es durchaus möglich, daß mehrere der neun Mechanismen zusammenwirken und sich gegenseitig stützen. Vielleicht ist aber auch nur eine der neun Erklärungen die richtige. Vielleicht lauert um die Ecke aber schon eine zehnte Erklärung auf uns – die nunmehr endgültig richtige. Wir werden sehen.

Auf den folgenden Seiten habe ich versucht, die überzeugendsten und weithin akzeptierten Erklärungen für verschiedene Phänomene des Tierreichs zu beschreiben. Dennoch sollte man sich von vornherein anderen Deutungsversuchen nicht verschließen. Nur wenige Fragen sind so verwirrend wie die der Zebrastreifen. Es ist aber immer möglich, daß neue Informationen unsere Betrachtungsweise verändern. Sonst empfänden wir das Studium der tierischen Verhaltensweisen auch als tot und langweilig. Eines habe ich aber mit Sicherheit entdeckt: Die Tierwelt ist niemals langweilig.

Fluchtverhalten

Die meisten Tiere müssen ihr ganzes Leben mit der ständig gegenwärtigen Gefahr leben, von einem Räuber angegriffen zu werden. Wenn diese Tiere aktiv sind, müssen sie stets auf der Hut sein, bereit zu einer Gegenreaktion. Dazu stehen ihnen im wesentlichen drei Strategien zur Verfügung: regungslos verharren, fliehen und kämpfen, oft in dieser Reihenfolge.

Regungslos zu verharren und abzuwarten ist eine weitverbreitete Reaktion unter besser getarnten Arten, wenn ein Räuber wahrgenommen wird. Räuber nehmen vor allem Bewegungen wahr, stillstehende

Wenn sich ein Beutetier von einem Räuber bedroht sieht, hat es drei Reaktionsmöglichkeiten: regungsloses Abwarten, Flucht und Kampf. Die Rohrdommel (rechts) und der Feldhase (unten) verharren zunächst regungslos. Beim ersten Anzeichen von Gefahr reckt die Rohrdommel ihren Hals in die Höhe und wird in der Schilfvegetation ihres Nestes praktisch unsichtbar. Der Hase hingegen schmiegt sich eng an den Boden an und verhält sich absolut regungslos, bis der Räuber fast auf ihn tritt. Erst dann setzt er zur Flucht an. Selbst ohne raffiniertes Tarnkleid ist diese Unbeweglichkeit für Beutetiere von großem Nutzen, denn die Augen der Räuber reagieren in erster Linie auf Bewegungen.

Einige Beutetiere wie der Spießbock (oben) versuchen räubern durch einfachen schnellen Galopp zu entkommen. Das Impala (gegenüberliegende Seite unten) hingegen verfolgt einen Zickzackkurs mit plötzlichen, nicht voraussehbaren Richtungsänderungen. Das erschwert einem Räuber den Angriff.

statische Formen hingegen können sie weit weniger gut erkennen, besonders wenn deren Umrisse durch Licht, Schatten oder Blätter aufgelöst werden. Einige Arten wie Hasen und junge Antilopen drücken sich ganz still an den Boden und schießen erst dann davon, wenn sich der Räuber schon in allernächster Nähe befindet. Wer schon einmal beim Wandern über ein Feld fast auf einen Hasen getreten wäre, weiß, wie sehr man erschrickt, wenn das Tier plötzlich aufspringt und davonschießt. Während sich der Räuber noch von seinem Schrecken erholt und zur Verfolgung ansetzt, ist der Hase längst auf und davon.

Einige Beutetierarten, etwa die Baumhörnchen, haben dieses Verhalten noch etwas verfeinert. Sobald sie einen Räuber nahen sehen, huschen sie auf die entgegengesetzte Seite des Baumstammes und verhalten sich dann regungslos. Auf diese Weise sind sie völlig unsichtbar; sie stoßen auch keinen Warnruf aus. Gelangt der Räuber auf ihre Seite des Baumstammes, flitzen sie einfach wieder auf die entgegengesetzte Seite. Auf diese Weise können Eichhörnchen sich in einem Wald versteckt halten, während der Räuber das ganze Gebiet absucht. Auch Spechte verbergen sich auf ähnliche Weise. Der Tierbeobachter kann diese Strategie nur erkennen, wenn er von einem verborgenen Standpunkt aus den Räuber nahen sieht. Dann wird ihm der Trick sehr schnell klar.

Wenn regungsloses Verharren nichts nützt, ist Flucht die nächste Möglichkeit. Viele Beutetierarten können erstaunlich schnell fliehen. Man hat deren Geschwindigkeiten zuverlässig messen können. Einige Hirsche erreichen auf der Flucht 64, Antilopen sogar 80 Kilometer in der Stunde. Das schnellste Raubtier ist der Gepard; er erreicht eine Spitzengeschwindigkeit von fast 100 Kilometer pro Stunde, kann diese aber nur über kurze Strecken durchhalten. Die Strecke, die ein Gepard im Durchschnitt bei der Verfolgung einer Beute zurücklegt, beträgt in der Tat nur 165 Meter. In Ausnahmefällen laufen Geparden bis 270 Me-

ter weit, doch dann sind sie schnell erschöpft und geben auf. Hier sind die Beutetiere im Vorteil, weil sie sehr viel mehr Ausdauer zeigen. Man hat beobachtet, daß einige Antilopen über eine Meile (1,6 Kilometer) hinweg eine Geschwindigkeit von 67 Kilometer in der Stunde beibehalten. Über vier Meilen hinweg waren es noch 56, über zwanzig Meilen erstaunliche 48 Kilometer pro Stunde. Im Vergleich zur Leistung des Geparden mag dies durchaus überwältigend erscheinen, doch gibt es Räuber mit ganz anderem Durchstehvermögen. Wölfe und Hyänenhunde erreichen über kurze Entfernungen hin keine hohen Geschwindigkeiten, doch zeigen sie große Ausdauer. Bei einem Wolf maß man über eine Strecke von 19 Kilometern eine Geschwindigkeit zwischen 24 und 48 Kilometern pro Stunde. Danach mußte das Tier in den Trott übergehen. Man weiß, daß Wölfe in der Tundra Hirsche erst acht oder zehn Kilometer weit jagen, bevor sie zum Angriff übergehen. Solche Beutetiere müssen Sprinter und Langläufer gleichzeitig sein, um sich beider Arten von Räubern erwehren zu können. Das Geheimnis bei der Verteidigung gegenüber sprintenden Räubern ist ein guter Start. Die Flucht muß beginnen, bevor die Räuber ihre volle Geschwindigkeit erreicht haben. Daher rührt auch die immerwährende Wachsamkeit so vieler Antilopen. Sie müssen stets vor heranschleichenden Raubkatzen auf der

Einige Beutetierarten haben ungewöhnlich lange Hinterbeine. Diese sorgen beim Känguruh und bei der Kragenechse im wesentlichen für den Antrieb. Das Känguruh hüpft in langen Sätzen, während die Kragenechse auf den Hinterbeinen schnell davonläuft.

Hut sein. Deren Ziel ist es, so nah wie möglich an das Beutetier zu gelangen, bevor die Jagd beginnt. Hat der Angriff einmal begonnen, geht es um die Frage, ob der Räuber bereits ermüdet, bevor er sein Opfer erreicht. Sind Hyänenhunde die Verfolger, sieht die Sache anders aus. Dann geht es darum, wer die größere Ausdauer besitzt.

Wenn der Angriff aus der Luft erfolgt, hilft schnelles Davonlaufen wenig. Greifvögel erreichen beim Sturzflug nachgewiesenermaßen Geschwindigkeiten von 170 Kilometer pro Stunde. In einem solchen Fall ist es am besten, so schnell wie möglich unter der Erde zu verschwinden. Die Hauptbeutetiere der Greifvögel sind Nagetiere. Die meisten dieser Nager graben Gänge. Diese stellen für sie das wichtigste Mittel zum Überleben dar. In den Gängen sind sie nämlich auch vor vierfüßigen Räubern geschützt, weil die meisten unter ihnen zu groß sind, um ihnen zu folgen.

Viele andere Beutetierarten flüchten lieber in die Höhe. Baumbewohnende Nagetiere, Affen und viele andere Säuger begeben sich auf Bäume oder leben sogar dort. Auf den Boden kehren sie nur noch dann zurück, wenn es sich nicht mehr umgehen läßt. Vögel, Fledermäuse und die Gleitflieger unter den Säugern heben einfach in die Luft ab. Viele der beeindruckendsten Fortbewegungsarten entwickelten sich aus dem Fluchtverhalten.

Anstatt möglichst geradlinig vor einem Räuber zu fliehen, verfolgen einige Tiere einen unberechenbaren Zickzackkurs. Wir kennen dies vor allem vom Hasen, aber auch von einigen Vogel- und Fischarten. Dahinter steht das Prinzip, daß der Verfolger seine Richtung nicht so schnell ändern kann wie das Beutetier. Damit diese Richtungsänderungen auch etwas nützen, müssen sie unregelmäßig ausfallen, so daß sie der Räuber nicht voraussehen und danach handeln kann.

Eine andere Strategie verfolgen zum Beispiel Frösche und Heuschrecken. Sie halten eine längere Flucht nicht durch. Bei Gefahr schießen sie plötzlich mit höchstmöglicher Geschwindigkeit davon und verharren dann reglos im Gestrüpp. Schlägt der Räuber die falsche Richtung ein, bleiben sie still in ihrem Versteck, bis die Gefahr vorüber ist. Kommt ihnen der Räuber wieder nahe, so warten sie wieder bis zum letzten Augenblick und springen mit einem Satz davon. Dieses Ver-

Rechts: Der Hase, der hier von einem Habicht verfolgt wird, ist ein Meister unvorhersehbarer Fluchtbewegungen.

Ein Beutetier bis in die Baumwipfel zu verfolgen, ist sehr viel gefährlicher, als ihm auf dem Boden nachzustellen, wie dieser Puma bei der Jagd auf den Waschbären am eigenen Leib erfahren muß (links). Viele Tierarten sind als Schutzmaßnahmen gegen Räuber zum Leben auf Bäumen übergegangen. Einige haben sich so sehr spezialisiert, daß sie den meisten Räubern mit Leichtigkeit entkommen, etwa der Zwerggleitbeutler auf der gegenüberliegenden Seite.

halten wiederholen sie immer wieder, bis der Räuber, wenn sie Glück haben, die Verfolgung aufgibt. Eine weitere Strategie verfolgen zum Beispiel die Ödlandschrecken. Ihre Hinterflügel sind auffällig blau oder rot gefärbt. Wenn sie auf der Flucht wegfliegen, werden diese Farben plötzlich für den Räuber sichtbar. Nach einer kurzen Strecke landen die Heuschrecken wieder, schließen die Flügel und verschwinden durch ihre Tarnung völlig vor dem Hintergrund. Der Räuber

aber ist sozusagen auf die bunte Farbe eingestellt und hat Mühe bei der Umstellung auf die Tarnfarbe. Es scheint, als hätte das Beutetier sich in Luft aufgelöst.

Wenn Verstecken und Flucht nicht zum Erfolg geführt haben und sich das Beutetier dem Räuber gegenübersieht, so unternimmt es meist einen letzten verzweifelten Rettungsversuch, schlägt alle Vorsicht in den Wind und greift den Räuber seinerseits an. In den meisten Fällen nützt dies nicht mehr viel, doch in diesem Stadium ist nichts mehr zu verlieren. Und Räuber reagieren erstaunlicherweise recht empfindlich, selbst auf kleine Verletzungen. Die Infektion einer Wunde kann bewirken, daß das Tier seine Kondition einbüßt. Und wenn es nicht mehr fit ist,

Wenn Stillhalten und Flucht nichts mehr nützen, kann das Beutetier auf seinen Verfolger losgehen. Diese Art der Selbstverteidigung kann sich auf eine reine Drohgebärde beschränken wie zum Beispiel im Fall der Erdkröte, die sich dick aufbläst und hoch auf gespreizten Beinen steht, damit die Ringelnatter (unten links) sie als zu großen Brocken empfindet, oder wie bei der Kragenechse (rechts), die eine große Hautfalte schirmartig ausbreitet und dadurch viel größer wirkt. Gleichzeitig sperrt sie in bedrohlicher Weise die Kiefer auf.

Oben: Zur eigenen Verteidigung muß ein Nashorn wohl kaum mehr als einen gelegentlichen schläfrigen und arroganten Blick auf die hungrigen Löwen werfen. Ein aufgebrachter Elefant ist selbst für Löwen ein ernstzunehmender Gegner.

Die Moschusochsen (unten) tragen scharfe Waffen nur am Kopfende. Ihr Hinterende müssen sie besonders schützen. Die Herde löst dieses Problem, indem sie zur Verteidigung einen Kreis gegen die Angriffe von Wölfen bildet.

kann es eine Zeitlang nicht mehr auf die Jagd gehen. Durch Nahrungsmangel kann aber das Tier weiter entkräftet werden, so daß ziemlich schnell ein kritischer Punkt erreicht ist. Ein bissiges, speiendes und kratzendes Beutetier flößt einem Räuber mehr Respekt ein, als es anscheinend verdient. Manch eine hungrige Katze überlegt es sich zweimal, ob sie eine große, in die Enge getriebenen Ratte angreifen soll. Viele kleine Vögel entkommen durch einen wohlgezielten Hieb mit ihrem spitzen Schnabel und büßen nur einige wenige Federn ein. Tiere mit Hörnern und Geweihen spießen gelegentlich die Angreifer auf und werfen sie hoch in die Luft. Für einige Beutetiere bedeutet es Sicherheit, wenn sie zu vielen sind, etwa für die Moschusochsen, die gegenüber marodierenden Wölfen einen Verteidigungsring schließen. Mit den drei Grundstrategien des reglosen Verharrens, der Flucht und des Kampfes können viele Beutetiere entkommen. Es gibt aber noch viele wirkungsvolle Spezialstrategien, und auf die wollen wir in den nächsten Kapiteln näher eingehen.

Schutzpanzer

Die Tierwelt ist so voller reißender Zähne, scharfer Krallen und spitzer Hörner, daß viele Arten Schutz hinter einem mächtigen Panzer suchen. Damit verändert sich ihre gesamte Lebensweise. Sie müssen nun nicht mehr schnell und ausdauernd fliehen, brauchen nicht mehr ständig wachsam auf die geringsten Anzeichen einer Gefahr zu achten und können auf die entsprechend scharfen Sinne verzichten. Solche Tiere können sich einen schweren, ja plumpen Körper zulegen und mit viel ruhigerem Schritt durchs Leben gehen. Sie sind die Panzer des Tierreichs, und sie treten in vielen verschiedenen Formen auf.

Unter den Säugern ist diese Lebensform allerdings ziemlich selten. Nur 169 Säugetierarten – ungefähr vier Prozent der 4237 heute noch lebenden Arten – verfügen über einen Schutzpanzer irgendeiner Form. Es gibt allerdings viel mehr Arten mit Geweihen oder Hörnern, doch handelt es sich dabei zunächst um Angriffswaffen. Sie dienen erst in zweiter Linie der Verteidigung.

Die primitivsten mit einem Schutzpanzer versehenen Säuger sind die fünf Arten des Ameisenigels aus Australasien. Ihre Unterseite ist

Der australische Ameisenigel gräbt sich so tief ein, bis seine weiche Bauchseite völlig geschützt ist. Der Räuber sieht sich dann nur einem Meer sehr kräftiger, scharfer Stacheln gegenüber.

Die Schildspitzmaus hat eine verstärkte Wirbelsäule, die enormem Druck widerstehen kann.

weich und behaart, doch die gesamte Oberseite ist von dicken starken Stacheln bedeckt. Werden sie aufgestört, schlüpfen sie in ein Loch oder in eine Spalte und halten sich darin mit ihren mächtigen Krallen so stark fest, daß man sie fast nicht herausziehen kann. Der Angreifer sieht sich einem Meer von Stacheln gegenüber und hat nirgendwo einen Punkt zum Angreifen. Wenn man den Ameisenigel im Freien überrascht, gräbt er sich einfach schnell ein, bis nur noch die stachelige Oberfläche zu sehen ist.

Unter den Insektenfressern gibt es acht Igeltanrekarten aus Madagaskar und fünfzehn eigentliche Igelarten aus Europa, Afrika und Asien. Die Tanreks sehen wie Igel aus und haben feine Stacheln, die sich aufstellen, wenn sich das Tier zu einer Kugel zusammenrollt. Einige Igel ergänzen ihre Verteidigung durch plötzlich nach oben gerichtete Bewegungen. Beschnüffelt ein Räuber einen solchen Igel, der sich noch nicht zur Kugel zusammengerollt hat, streckt dieser plötzlich seine Beine und rammt seinen stacheligen Rücken in die hochempfindliche Nase des Feindes. Diese Berührung kann große Schmerzen verursachen und zur Folge haben, daß der Räuber von seinem Opfer abläßt. Der Igel ist dann frei und kann sich in Sicherheit bringen, ohne daß er sich zu einer Kugel zusammenrollen mußte.

Neben diesen stacheligen Insektenfressern gibt es noch zwei weitere echt gepanzerte Arten, die Schildspitzmäuse. Von außen sehen sie wie große weichfellige Spitzmäuse aus, doch im Innern tragen sie eine geheime Verteidigungseinrichtung, nämlich eine verstärkte Wirbelsäule. Die Wirbel sind vergrößert, und die Zahl der Lendenwirbel hat sich verdoppelt. Diese sind untereinander verzahnt und bilden einen festen und dennoch beweglichen Rückenpanzer. Die Tiere kommen nur in Westafrika vor und wurden wegen ihres Panzers verfolgt. Die Einheimischen glauben nämlich, wer diese Tiere esse oder als Schmuck mit sich herumtrage, sei sicher vor Verletzungen. Medizinmänner demonstrierten, wie kräftig gepanzert diese Tiere sind, indem sie auf einem Fuß auf deren Rücken balancierten. Jeder andere Kleinsäuger wäre dadurch sofort zerquetscht worden. Doch die Schildspitzmäuse überleb-

Der europäische Igel kann sich bei Bedrohung nicht selber eingraben. Seine weiche Bauchseite schützt er durch Einrollen. Seine 7000 Stacheln schützen ihn dann in jeder Richtung. Sie dienen auch als Stoßdämpfer bei einem Fall.

ten diese Prozedur und schossen davon, wenn der Medizinmann ihren Rücken verließ. Das Geheimnis dieses Panzers liegt darin, daß man nicht weiß, vor wem er die Tiere schützen soll. Menschen waren mit Sicherheit nicht die Urfeinde, die zur Evolution dieses einzigartigen Wirbelskeletts führten. Welcher Feind war aber der Auslöser? Dieses Geheimnis muß noch gelöst werden.

Ein ähnliches Geheimnis umgibt das einzige Beispiel einer Körperpanzerung unter Affen. Die höherentwickelten Affen und die Menschenaffen weisen keinerlei Schutzpanzer auf und lösen ihre Probleme eher mit dem Gehirn. Nur beim Potto, einem langsamen Verwandten der allgemein bekannten Buschbabys, finden wir eine Panzerung ähnlich wie bei der Schildspitzmaus. Auch hier ist die Wirbelsäule betroffen, allerdings an anderen Stellen: Der Potto hat stark verlängerte Dornfortsätze an den letzten Hals- und den ersten Brustwirbeln. Sie treiben die Haut in die Höhe und treten auf dem Nacken als Höcker hervor. Es stellt sich hier allerdings die Frage, auf welche Weise das Tier bei einer Störung diese Nackenhöcker einsetzt. Fühlt sich der bedächtige Potto bedroht, so rollt er sich, an einem Ast hängend, zu einer Kugel zusammen und versteckt den Kopf zwischen den Beinen, so daß der Rücken mit den Höckern gegen den Feind gerichtet ist. Diese Haltung reicht aber wohl kaum aus, um einen echten Feind abzuschrecken. Es kann sein, daß der Potto im Augenblick des Zubeißens mit seinem Nacken eine Abwehrbewegung durchführt. Vielleicht erschrickt der Räuber dann, wenn er im Maul harte spitze Höcker spürt anstatt des erwarteten weichen Stücks Fleisch. Vielleicht überlegt sich der Räuber dann, ob er einen zweiten Angriff durchführen soll, doch wirkt dies alles nicht überzeugend. Wären die Dornhöcker spitz wie die Strahlen einer Fischflosse, so erschiene uns die Strategie durchaus verständlich. Doch da die Höcker eigentlich stumpf sind, stehen wir immer noch vor einem Problem.

Schärfere Dornen, und darunter die allerschärfsten, finden wir bei Nagetieren. In dieser sehr großen Gruppe mit ihren 1729 Arten weisen viele Formen solche Schutzmechanismen auf: 101 Arten von Stachelmäusen, 22 Arten der Stacheltaschenmäuse, 37 Stachelrattenarten und 24 Stachelschweine. Die Stachelmäuse und Stachelratten haben in ihrem normalen Fell einfache schlanke Stacheln. Damit sind sie bereits so stachlig, daß nahezu alle Räuber abgeschreckt werden. Bei den Stachelschweinen erreicht diese Art der Verteidigung jedoch ihren Höhepunkt. Die Stacheln erreichen hier eine Länge von einem halben Meter. Die Tiere erzeugen mit ihren Stacheln ein rasselndes Warngeräusch,

Rechts: Die Gruppe der Stachelmäuse besteht aus 101 Arten. Auf den ersten Blick sehen diese Tiere ganz harmlos aus. Wenn ein Räuber eine Stachelmaus jedoch ins Maul nimmt, spürt er sofort die Panzerung in Form von Stacheln und läßt seine Beute unverzüglich laufen.
Den besten Stachelschutz genießen die Stachelschweine aus der Alten Welt und die neuweltlichen Baumstachler, die beide miteinander nicht näher verwandt sind. Die Baumstachler (unten links) sehen nicht ganz so beeindruckend aus wie die Stachelschweine (unten rechts). Ihre Verteidigungswaffen sind allerdings noch heimtückischer, denn die Stacheln sind mit Widerhaken versehen. Sie lassen sich kaum mehr aus dem Fleisch herausziehen – im Gegenteil: Sie dringen durch Bewegungen noch tiefer ein.

Die Stacheln der afrikanischen Stachelschweine tragen keine Widerhaken wie die der südamerikanischen Baumstachler. Dennoch sind sie schwierig zu entfernen. Dieser Löwe, der mit einem Stachelschwein Bekanntschaft gemacht hat, wird noch einige Zeit Schmerzen erleiden müssen.

und durch schnelle, rückwärts gerichtete Ausfallbewegungen stoßen sie ihre Stacheln in das Fleisch eines Angreifers. Dabei brechen die Stacheln leicht ab und bleiben im Fleisch des Räubers stecken. Sie sind schwer zu entfernen und können zu Wundinfektionen und sogar zum Tod führen.

Weniger spektakulär, aber noch viel gefährlicher sind die Stacheln der amerikanischen Baumstachler. Sie tragen nach hinten gerichtete Widerhaken; wenn sie einmal im Fleisch stecken, kann man sie praktisch nicht mehr herausziehen. Ein solcher Stachel erzeugt einen starken Schmerz. Der betroffene Muskel zieht sich dadurch so zusammen, daß der Stachel noch weiter ins Fleisch eindringt. Solche Stacheln sind nachgewiesenermaßen schon so tief in den Körper ihrer Opfer eingedrungen, daß sie den Tod durch Verletzungen innerer Organe bewirkten. Man hat berechnet, daß die knapp vier Zentimeter langen Stacheln pro Tag 2,5 Zentimeter tief ins Körpergewebe eindringen. Der Urson, der einzige nordamerikanische Baumstachler, verteidigt sich gegen einen Feind, indem er wild mit dem Schwanz um sich schlägt und dabei manchmal die Nase des Räubers in ein Nadelkissen verwandelt. Der einzige Räuber, der mit diesem derart heiklen Beutetier zurechtkommt, ist der Fischmarder. Er umkreist seine Beute wie ein Ichneumon die Kobra, bringt sie in Verwirrung und greift dann die einzige verwundbare Stelle an, den Kopf. Nach einigen Bissen stirbt der Baumstachler. Der Marder dreht seine Beute dann auf den Rücken und beginnt an der ungeschützten Bauchseite mit dem Fressen. Am Ende bleibt nur das leere Stachelkleid übrig.

Zu den gepanzerten Säugern ohne Stacheln gehören 21 Gürteltierarten und sieben Schuppentierarten. Die Oberhaut der Gürteltiere entwickelte sich zu einem harten Hornpanzer. Scharniere sorgen dafür, daß die Tiere eine gewisse Beweglichkeit behalten. Sie liegen quer auf der Rückenmitte und schwanken in der Anzahl je nach Art. Bei Gefahr versuchen die Tiere, einen Unterschlupf zu finden, zum Beispiel ihren Gang, in den sie sich möglichst eng hineindrängen. Die kleinste Art, der kleine Gürtelmull, besitzt einen außergewöhnlich geformten Rumpf. Das Hinterende ist eine vollkommen flache, kreisrunde, gepanzerte Platte. Wenn das Tier aufgeschreckt ist, gräbt es sich blitzschnell in den Boden ein, so daß am Ende nur noch das verhornte Rumpfende herausschaut. Es wirkt wie der Korken in der Flasche und verhindert den Zugang zum weichen Bauchfleisch.

Am meisten beeindruckt den Beobachter die Reaktion des Dreibinden-Kugelgürteltiers bei einem Angriff. Es rollt sich zu einer fast vollkommenen Kugel zusammen. Die Kopfoberseite und die Schwanzspitze passen wie Puzzlestücke zueinander. So bleibt kein Spalt übrig, an dem ein Räuber angreifen könnte. Dazu kommt, daß dieses Tier normalerweise bis zum letzten Augenblick wartet mit dem endgültigen Zuklappen. Zunächst bildet es eine lockere Kugel. Doch wenn man das Tier berührt, schnappen die Panzerplatten wie eine Stahlfalle endgültig zusammen. Wenn der Räuber in diesem Augenblick seine Schnauzenspitze oder einen Fuß in den Zwischenraum zwischen zwei Platten hält, wird er sehr schmerzhaft gezwickt und erschrickt sehr. Das nächste Mal wird er sich einem derart schwierigen Beutetier mit mehr Vorsicht nähern.

Die Gürteltiere kommen nur in Amerika vor. In der Alten Welt kennen wir als ähnliche Lebensform die Schuppentiere. Sie sehen wie rie-

Gegenüberliegende Seite: Eine ganze Reihe gepanzerter Tiere kann sich zu einer Kugel einrollen. Zu ihnen gehören die Schuppentiere aus Afrika und Asien (oben), die Kugelgürteltiere Südamerikas (unten links) und die Saftkugler (unten rechts), eine Gruppe der Tausendfüßler, die auch bei uns vertreten ist. Für ihre Unangreifbarkeit müssen diese Tiere aber auch einen Nachteil in Kauf nehmen: Ihr Körper ist unverhältnismäßig schwer und ziemlich unbeweglich.

sige bewegliche Tannenzapfen aus. Große Hornschuppen überlagern sich dachziegelartig und erstrecken sich bis zur Spitze des langen Greifschwanzes. Bei einer Störung rollen sie sich zu einer Kugel ein, die man auch mit größter Kraftanstrengung nicht aufbekommt. Gegen die meisten Räuber sind die Schuppentiere gut geschützt. Doch gegen den Menschen mit seinem Einfallsreichtum haben sie keine Chance. Viele Völker schätzen ihr Fleisch und verwenden ihre Schuppen als Verzierung und Schmuck. Deswegen geht ihre Zahl stark zurück.

Ähnlich verwundbar gegenüber den Waffen des Menschen sind die gepanzerten Riesen des Tierreichs, die Elefanten und die Nashörner. Am meisten beeindruckt uns das Panzernashorn, weil dessen zähe Haut dicke Falten bildet. Sein Kleid erinnert an eine mittelalterliche Rüstung. Selbst der Schwanz ist geschützt und paßt genau in eine tiefe Rinne zwischen zwei Hautplatten am Rumpfende. Elefanten weisen keine solchen Hautfalten auf, doch auch sie sind durch ihre stellenweise bis zu 2,5 Zentimeter dicke Haut gut vor Angreifern geschützt.

Den Vögeln fehlt jegliche Panzerung, weil sie damit zu schwer wären zum Fliegen. Nur die großen, am Boden lebenden und flugunfähigen Kasuare der australischen Regenwälder haben so etwas wie eine Panzerung. Sie besteht aus einem knöchernen Helm auf dem Kopf. Die Tiere bahnen sich damit auf der Flucht einen Weg durch die dichte Vegetation. Der Helm schützt also den Kopf vor Verletzungen.

Nur die Beine der Vögel zeigen noch die widerstandsfähige schuppige Haut ihrer Reptilienvorfahren. Auf der Suche nach einer umfassenden Panzerung müssen wir vor allem bei den Reptilien Ausschau halten. Jede Reptilienschuppe ist ein hartes trockenes Keratinplättchen, das in der Epidermis wurzelt. Die einzelnen Schuppen überlappen sich dachziegelartig und hüllen den Körper ein. Man kann das Schuppenkleid durchaus als eine Art Panzer betrachten. Das Keratin ist totes Material (Horn), das durch Wachstum von unten her von Zeit zu Zeit erneuert wird. Bei den Krokodilen ersetzt sich ihr Schuppenkleid nach und nach, während die Echsen und Schlangen ihre Haut periodisch abwerfen. Manchmal werden die Hornschuppen durch darunter befindliche Knochenplatten verstärkt. Am eindrucksvollsten sind sie auf dem Rücken der riesigen Krokodile ausgeprägt.

Bei einigen Echsen geht die Panzerung noch einen Schritt weiter, sie zeigen auf ihren Hornschuppen lange scharfe Stacheln. Es ist minde-

---

Aus leicht einleuchtenden Gründen weisen die Vögel fast nie eine Körperpanzerung auf. Eine Ausnahme bildet der bodenbewohnende Helmkasuar (gegenüberliegende Seite). Er trägt auf dem Kopf einen helmartigen Hornaufsatz, der beim Durchdringen der dichten tropischen Vegetation gute Dienste leistet.

Das Panzernashorn (unten) fällt durch seine Hautplatten auf. Der Panzer ist bei der Flucht vor einem Räuber ziemlich hinderlich, doch ist das Tier gleichzeitig vor Angriffen ziemlich gut geschützt. Selbst der Schwanz paßt in eine Rinne zwischen zwei Hautfalten.

Das Schuppenkleid der Reptilien stellt bereits eine ideale Panzerung dar. Die Schuppen können sich aber zusätzlich zu wehrhaften Stacheln auswachsen. Einige Arten wie der Panzer-Gürtelschweif (oben links) erschweren einem Räuber einen Angriff noch dadurch, daß sie ihr Schwanzende ins Maul nehmen. Das sperrige Tier kann dadurch praktisch nicht verschluckt werden. Der Dorn- oder Wüstenteufel (oben rechts) verläßt sich einfach auf seine ungeheuer spitzen Stacheln, während die Bartagame (unten) durch Aufrichten ihrer stacheligen Halskrause droht.

stens ebenso schmerzvoll, in ein solches Tier zu beißen wie in einen Kaktus. Stachelige Echsen wie den Dorn- oder Wüstenteufel oder die Texas-Krötenechse kann ein Räuber daher kaum verschlucken, ohne sich schwere Verletzungen zuzuziehen.

Die Schildkröten haben statt einander überlappender Schuppen einen breiten dicken Hornpanzer. Bei einigen Arten können Kopf und Beine vollständig in diesen Panzer hineingezogen werden. Manche Formen haben ein Scharnier, um das Vorderende zu verschließen. Bei anderen Arten schützt ein Scharnier die Hinterbeine, und schließlich gibt es auch Schildkröten mit beiden Scharnieren. Die Großkopfschildkröte ist insofern einzigartig, als ihr Kopf und ihr Schwanz schwer gepanzert sind und sie diese bei einem Angriff niemals in den Körperpanzer zurückzuziehen versucht.

Amphibien haben wie Vögel und die meisten Säugetiere einen weichen Körper, der schutzlos feindlichen Kiefern ausgeliefert ist. Zwar verfügen die Lurche über unterschiedliche Verteidigungsmechanismen, doch Panzerung gehört nicht dazu. Eine gewisse Ausnahme bildet hier nur der Rippenmolch. Dieses kleine, scheinbar harmlose Tier hat eine Geheimwaffe. Wird es von einem Räuber gepackt, so drückt es seine verlängerten zugespitzten Rippen an den Körperseiten nach außen in die Mundwand des Feindes. Die Spitzen der Rippen treten dabei durch dafür vorgesehene Hautöffnungen aus und spritzen dem Räuber besondere Drüsensekrete ein. Diese führen zu sehr schmerz-

Zusätzlich zu ihrem schon harten Panzer haben manche Schildkröten noch weitere Schutzvorrichtungen. Die asiatische Stachel-Erdschildkröte (oben) hat an allen Randschilden des Rückenpanzers seitliche Stacheln. Bei der Flachschildkröte (unten) ist der Panzer so flach, daß das Tier selbst in schmalen Spalten Zuflucht finden kann.

haften Vergiftungen, und einen solchen Molch wird der Räuber fortan meiden.

Viele Fische wenden ähnliche Verteidigungstaktiken an. Sie haben harte, zugespitzte und stark verlängerte Flossenstrahlen, die oft mit Giftdrüsen in Verbindung stehen. Ein solcher Stich bleibt einem Räuber in anhaltender Erinnerung – wenn er dazu überhaupt noch die Gelegenheit hat, denn einige Stiche wirken innerhalb weniger Minuten töd-

---

Den größten Panzer unter den Weichtieren zeigt die Riesenmuschel. Ihre beiden Schalen können 250 Kilogramm wiegen und deutlich über einen Meter lang werden. Die Schalen schützen den weichen Körper des Tieres sehr gut. Dennoch ist es ein völlig harmloses Tier und keineswegs eine Mördermuschel, wie sehr oft behauptet wird. Es gibt ungezählte Geschichten von Schwimmern, deren Füße zwischen den Schalen eingeklemmt blieben. Diese sollen sich blitzschnell schließen und ihr Opfer nicht mehr freigeben. Im gesamten Verbreitungsgebiet der Riesenmuscheln werden solche Geschichten erzählt, obwohl sie ihre Schalen schon wegen der großen Masse nicht blitzschnell schließen können. So gibt es denn auch keinen Nachweis eines Todesfalles durch eine Riesenmuschel.

Oben: Wer schon einmal Hummer oder Krabben gegessen hat, weiß sehr wohl, wie hart der Panzer dieser Tiere sein kann. Aber wie alle gepanzerten Tiere leben sie dafür mit dem Nachteil, daß sie weniger beweglich sind als weichhäutige.

Der Igelfisch (unten) pumpt sich mit Wasser oder mit Luft zu einer fast vollkommenen Kugel auf. Dabei richten sich seine Stacheln so extrem auf, daß sie rechtwinklig vom Körper abstehen. Kein Räuber kann diesen Fisch dann mehr verschlucken, glaubt man. Erstaunlicherweise findet man jedoch Igelfische besonders häufig im Magen großer Thunfische. Wie diese es schaffen, den stacheligen Igelfisch zu fressen, ist bis heute immer noch unbekannt.

lich. Beobachtungen an räuberischen Fischen zeigen, daß sie nach einem Angriff selbst auf eine nicht giftige stachelige Art tagelang nichts fressen – so groß muß der Schrecken ob des plötzlichen Schmerzes im Maul gewesen sein. Und wenn sie langsam wieder zu jagen beginnen, so meiden sie alle Beutetiere, die auch nur entfernt dem stacheligen Fisch ähneln, mit dem sie so schlechte Erfahrungen gemacht haben. Je größer und spitzer die Stacheln, um so länger hält auch die Erinnerung an. Das beste Beispiel für eine solche stachelige Verteidigung bietet uns der Igelfisch. Er bläst sich zu einer fast vollkommenen Kugel auf – entweder durch die Aufnahme von Wasser, wenn er sich unter der Oberfläche befindet, oder mit Luft, wenn man ihn aus dem Wasser nimmt. Ist der Körper vollständig aufgepumpt, ragen die Stacheln drohend nach außen und der Angreifer hat keine Chance. Sonst liegen die Stacheln flach am Körper an und fallen nicht so leicht auf.

Dornen gibt es auch häufig bei niederen Tieren. Es gibt gefährliche Seeigel, stachelige Weichtiere und Krebse. Sie alle fühlen sich durch ihren Stachelpanzer in Sicherheit. Selbst ohne Stacheln und Dornen sind fast alle Gliederfüßler (Garnelen, Krebse und Hummer) und Weichtiere (Schnecken und Muscheln) durch ihr hartes Außenskelett oder ihre Schale hinreichend geschützt. Der Nachteil, den sie dafür in Kauf nehmen müssen, besteht darin, daß sie weniger beweglich sind. Außerdem sind sie weniger flexibel, weil sie weniger Gefahren ausgesetzt sind als die Arten mit weichen Körpern. Ganz allgemein kann man gepanzerte Tierarten mit reichen Menschen vergleichen. Sie le-

Die langen Stacheln der Seeigel stellen einen sehr wirksamen Schutz gegenüber den meisten Räubern dar. Dieser Sonnenstern ist aber wie viele andere Seesterne durchaus imstande, Seeigel zu fressen. Er stülpt nämlich seinen weichen Magen aus, schlängelt ihn zwischen den Stacheln hindurch und dringt in das Innere des Seeigels ein. Dann wird die Beute außerhalb des Körpers verdaut. Der Seestern saugt die Nährstoffe auf und zieht dann seinen Magen wieder zurück.

ben etwas isoliert vom eigentlichen Leben und müssen sich weniger »opportunistisch« verhalten. Es ist sicher kein Zufall, daß alle höheren Tierformen und alle intelligenten Arten ohne Panzerung auskommen.

Die etwas trottelige Natur der gepanzerten Tiere zeigt sehr hübsch eine Anekdote über eine Familie von Kugelgürteltieren: Diese läuft an einem Hang entlang und entdeckt plötzlich einen Menschen, der unterhalb von ihnen geht. Alle reagieren sofort durch Einrollen des Körpers. Das hat zur Folge, daß sie den Hang hinunterkollern und zu Füßen des Menschen liegenbleiben. Der hebt sie auf und tut sie in seine Sammeltasche. Bisweilen lohnt es sich eben, etwas flexibler zu sein.

Tarnung

Wenn ein Tier überleben will, muß es sich entweder seinen Räubern stellen oder ihnen aus dem Weg gehen. Hat es Mittel zur Verteidigung, etwa in Form einer Panzerung oder von chemischen oder physikalischen Waffen, so kann es seinen Feinden die Stirn bieten und sie herausfordern. Ist das Beutetier jedoch harmlos, wohlschmeckend und weichhäutig, so muß es sich verbergen. Bei Bedarf kann es fliehen und sich verstecken. Die restliche Zeit seines Lebens aber – und das sind die ruhigeren Augenblicke – muß es so gestaltet sein, daß es nicht weiter auffällt. Es muß also seine Körperformen tarnen.

Ein Tier verrät seine Anwesenheit am leichtesten durch Bewegungen. Damit eine Tarnung funktioniert, muß es lange Zeit absolut reglos verharren können oder es darf seine Stellung und Lage nur ganz langsam verändern. Das

Streifen, Flecken und Sprenkel dienen der Tarnung vieler Tierarten. Dieser kleine Glasfrosch (oben) bewacht seinen Laich. Er ruht auf einem großen grünen Blatt und hat als Tarnung einen halbdurchscheinenden Körper mit einer gesprenkelten Haut. Diese Tarntracht entzieht ihn fast völlig den Blicken seiner Räuber.

Die dunklen Flecken auf dem Körper und den Gliedmaßen dieses baumbewohnenden Frosches (unten) vereinigen sich im Ruhezustand zu größeren Klecksen, welche die Körperumrisse völlig auflösen. In dieser Körperhaltung ergibt sich ein disruptives Gesamtmuster.

Die Flecken des Leopards (gegenüberliegende Seite), der im hohen Gras auf Beute lauert, dienen der Auflösung der Körperumrisse. Auch die größeren Flecken des Nebelparders (oben links) tarnen das Tier bestens im Helldunkel des Waldes mit seinen vielen Schatten und Sonnenflecken. Selbst der mächtige Tiger (oben rechts) geht in der Umgebung auf, wenn er ruhig auf dem Waldboden liegt.

nächste Problem besteht darin, die verräterischen Umrißlinien des Körpers zu verbergen. Die meisten Tiere sind zweiseitig symmetrisch. Das bedeutet, daß ihre Form zu ausgeglichen ist im Vergleich zum unregelmäßigen Hintergrund aus Pflanzen, Gesteinen und Erde. Um die klaren Umrißlinien zu verbergen, müssen die Tiere ein disruptives, gestaltauflösendes Kleid tragen.

Es gibt mehrere Arten einer disruptiven Zeichnung. Eine davon macht von einem psychologischen Trick Gebrauch: Wenn ein Tier unregelmäßige Flecken aufweist, die seine Körperumrisse auflösen, so läßt sich die Wirkung noch durch helle Farben im Innern dieser Flecken verbessern. Diese intensiv gefärbten Gebiete ziehen automatisch die Aufmerksamkeit des Räubers auf sich. Wenn er sie gebannt anstarrt, ist er nicht in der Lage, die größere Gestalt wahrzunehmen, auf der sie sich befinden. Man könnte auch vom Harlekinprinzip sprechen. Besonders schön ist es bei der Clown-Süßlippe ausgeprägt, die dem Auge als ein Stück Korallenriff erscheint.

Die disruptive Zeichnung löst die Körperumrisse des Tieres auf. Sie funktioniert natürlich besonders gut in einer Umgebung, die voller Unregelmäßigkeiten ist, wie etwa im Falle dieser Krabbe auf dem Korallensand.

Eine andere Art der disruptiven Zeichnung verwendet auffallende Bänder oder Streifen, die quer über den Körper des Tieres laufen. Fast immer sind die Streifen abwechselnd hell und dunkel. Die Körperumrisse des Tieres werden dadurch aufgelöst. Steht das Tier vor einem hellen Hintergrund, verschmelzen die hellen Streifen mit der Umgebung, und nur die dunklen Streifen bleiben sichtbar. Diese ergeben aber keine tierische Form. Vor dunklem Hintergrund funktioniert dieses disruptive Prinzip ebenfalls. Diese Arten der Zeichnung finden sich vor allem bei vielen Insekten und Fischen.

Eine dritte Art der disruptiven Zeichnung hilft, bestimmte Körperteile zu verbergen. Gewisse äußere Formen wie die der Arme, Beine, Hälse, Füße oder Flügel wirken sehr verräterisch: Anhand ihrer Formen kann ein Räuber die Körperumrisse eines Beutetiers leicht als solche erkennen. Für Abhilfe sorgen auch hier Streifen, Balken oder Farbflecke, die lückenlos mehrere Körperteile bedecken. Sie sehen aus, als habe jemand Farbe über die Tiere gegossen. Solche klecksartigen Muster finden sich vor allem bei vielen Fröschen. Wenn sie vorwärts kriechen und dabei die Beine bewegen, ist das Klecksmuster nicht augenfällig. Verharren die Tiere aber bewegungslos in ihrer Ruhestellung, wobei sie die Beine an den Rumpf heranziehen, treffen die Flecken auf den Beinen, den Flanken und dem Rücken zusammen und ergänzen sich. Damit verwischen sich die Grenzen zwischen den einzelnen Körperteilen. Die meisten disruptiven Muster bewirken, daß kontinuierliche Umrisse aufgelöst werden. Die klecksartige Zeichnung hingegen

Die Flötenmünder ist ein langgestreckter Räuber, der sich oft in Schulen kleinerer Fische verbirgt.

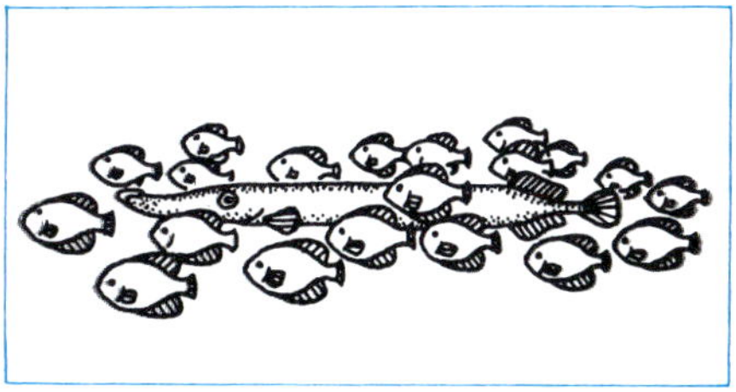

funktioniert auf umgekehrte Weise: Aus diskontinuierlichen Teilen wird ein kontinuierliches Ganzes. In beiden Fällen macht die Tarnung jedoch Gebrauch vom natürlichen Hintergrund.

Allgemeinere disruptive Zeichnungen, die einfach die Körperumrisse aufzulösen versuchen, finden wir bei Arten, die Streifen oder Flecken aufweisen. Großkatzen wie der Tiger genießen mit ihren Streifen guten Schutz in einer Umgebung, in der Grashalme überwiegen. Der Serval, der Ozelot und der Leopard haben Flecken, die in einer Umgebung mit scharfen Hell-Dunkel-Gegensätzen, also mit schattigen Stellen und Sonnenflecken, gut tarnen. Wir finden diese Fellzeichnung prächtig und

Das natürliche Licht fällt von oben auf den Tierkörper und beleuchtet damit dessen Oberseite stärker als die Unterseite. Deswegen haben viele Arten wie dieser Flötenmünder eine Gegenschattierung: Die Unterseite ist dabei heller gefärbt als die Oberseite. Damit wird die hellere Beleuchtung von oben kompensiert. Das Tier erscheint flacher und fast körperlos. Bei künstlicher Beleuchtung von unten kehrt sich der Effekt der Gegenschattierung jedoch um: Der Flötenmünder sieht außerordentlich massiv aus und fällt sofort auf.

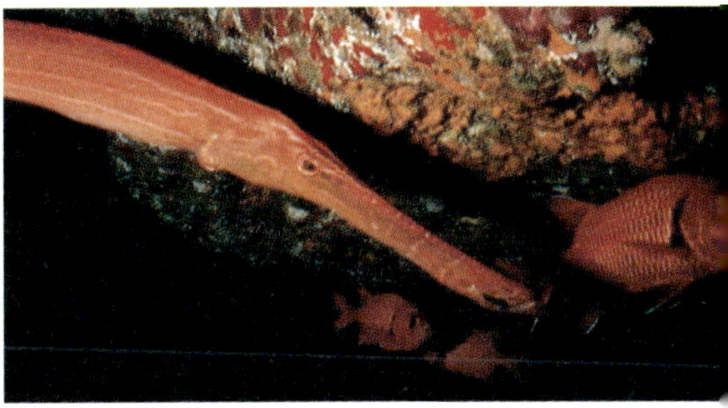

In tropischen Meeren haben einige Fische wie dieser Fetzenfisch (oben), der mit dem Seepferdchen verwandt ist, bizarre Körperanhänge entwickelt. Dieses Tier sieht wie ein Stückchen losgerissener Tang aus.

Viele Räuber erkennen ihr Beutetier an dessen kreisrundem Auge. Aus diesem Grund haben viele Fischarten wie etwa dieser gestreifte Gaukler (rechts) eine Augenmaske. Dieser Streifen zieht sich quer über das Auge und verbirgt es.

auffallend, aber nur weil wir die Tiere oft in unnatürlicher Umgebung sehen, wo die Tarnung natürlich nicht funktionieren kann. Vor einem einfarbig hellen Hintergrund taugen disruptive Muster oft nicht viel. In der Natur sieht die Umgebung allerdings meistens anders aus. Eine hochspezialisierte Form der disruptiven Zeichnung ist die Augenmaske. Sie weist meistens die Form eines dunklen Streifens oder eines Farbflecks auf, der quer über das Auge verläuft und dieses unsichtbar macht. Das Auge ist das verräterischste Detail an jeder Tiergestalt, und es ist von großem Vorteil, wenn man es verbergen kann. Das Auge zu schließen wäre die einfachste Lösung, doch dann könnte das Beutetier die Bewegungen des Räubers nicht mehr wahrnehmen. Eine ideale Lösung besteht darin, selber zu sehen, ohne gesehen zu werden. Augenmasken gibt es besonders häufig bei Fischen, wo sie bei Hunderten Arten vorkommen. Auch bei Fröschen und Schlangen sind Augenmasken oft zu beobachten.

Eine besondere Variante der Augenmaske sind die augenähnlichen Zeichnungen gewisser Fische. Sie bestehen aus einem Muster dunkler Flecken, die alle wie die dunkle Pupille des Fischauges aussehen. Und in den vielen Flecken geht dann das eigentliche Auge unter.

Der Tarnung dient auch die Gegenschattierung. Sie funktioniert ganz anders als die disruptive Zeichnung. Sie will nicht die Gestalt des Tieres auflösen, sondern flacher erscheinen lassen, als sie eigentlich ist. Alle Tiere haben dreidimensionale Körper, und gerade dadurch können sie sich verraten. Wenn sie zweidimensional erschienen, sähen sie plötzlich weniger tierhaft aus und könnten der unerwünschten Aufmerksamkeit eines Räubers entgehen. Die Gegenschattierung beruht auf der einfachen Voraussetzung, daß bei der Normalhaltung des Tieres ein Teil des Körpers stärker beleuchtet wird als alles übrige. Eine vollkommen einfarbige, fahlgelb gefärbte Antilope in einer fahlgelben Umgebung erscheint deswegen dreidimensional, weil die Sonne den Rücken des Tieres stärker beleuchtet als die Flanken und noch viel stärker als den Bauch. Bei vielen Arten gleicht die Fellfärbung diesen Effekt dadurch aus, daß der Rücken dunkler gefärbt ist als die Seiten und die Seiten dunkler als der Bauch. Auf diese Weise läßt das Zusammenwirken von Licht und Eigenfarbe das Tier flach und undifferenziert erscheinen, und es fällt einem Räuber deswegen viel weniger ins Auge. Das gleiche Prinzip finden wir auch bei einigen Raupen, allerdings mit dem Unterschied, daß die Gegenschattierung gerade umgekehrt ausfällt, weil die Tiere normalerweise mit dem Bauch noch oben an Zweigen und Ästen entlangkriechen. Wenn man sie nun umdreht, sehen sie doppelt so plastisch aus, weil das helle Licht auf die helleren Körperteile fällt.

Die einfachste Form der Tarnung besteht darin, sich möglichst genau dem Untergrund anzupassen. Besteht dieser aus einer einzigen Farbe, so ist die Aufgabe verhältnismäßig einfach, wie im Fall dieser gelben Krabbenspinne (oben), die auf einer Ringelblume auf Beute lauert. In arktischen Gebieten weisen manche Vögel wie z.B. diese Schneehühner (Mitte) im Winter ein reinweißes Gefieder auf.

Als Mimese wird das Nachahmen der natürlichen Umgebung bezeichnet. Perfekte Tarntrachten zeigen der Eulenschwalm (unten links), und die grüne Garnele (unten rechts) auf einem Blatt. Manche Tiere sind ihrer Umgebung so verblüffend gut angepaßt, daß sie kaum von Räubern entdeckt werden können.

Die einfachste Tarnungsmethode besteht darin, sich einfach der Farbe des Hintergrunds anzupassen, mag es sich nun um ein einfaches Grau oder Gelb oder um ein gesprenkeltes graubraunes Muster handeln. Winzige, ganz und gar grüne Frösche leben zum Beispiel auf großen, ebenfalls reingrünen Blättern. Eine raffinierte Tarnung ist nicht vonnöten. Arktische Säuger und Vögel tragen ein weißes Fell oder Gefieder und sind damit in den Schnee- und Eiswüsten ihrer Heimat perfekt getarnt. Fische, die auf kiesigem Untergrund leben, haben geröllfarbene Muster. Das Problem stellt sich aber oft komplexer dar: Wenn sich das Tier fortbewegt, ändert sich auch der Untergrund. Als Lösungen für dieses Problem haben manche Arten Mechanismen des Farbwechsels entwickelt. Plattfische und Chamäleons können durch Ausdehnung und Kontraktion besonderer Pigmentzellen in der Haut sehr schnell ihre Farbe verändern. Der Krake ändert dabei sogar die Oberflächenstruktur seiner Haut in Blitzesschnelle. Auf der normalerweise glatten Oberfläche können sich im Nu komplexe Furchen und Falten bilden. Zusammen mit dem Farbwechsel ergibt sich ein völlig neues Muster, mit dem sich das Tier dem neuen Untergrund anpaßt. Bei anderen Arten können solche Farbveränderungen nur langsam vor sich gehen – bei Vögeln etwa, die durch Mauser, also Gefiederwechsel, ihr Balzkleid an- und ablegen. Während der Fortpflanzungszeit ist es wichtiger, einen Geschlechtspartner zu finden, als gut getarnt zu sein: Daher rühren die vielen Prachtkleider zur Paarungszeit. Während der übrigen Zeit des Jahres überwiegt dann jedoch der Selbstschutz und damit das Tarnkleid.

Andere Arten können ihre Färbung nur durch genetische Veränderungen in den Populationen der Umgebung anpassen. Das geschah vor verhältnismäßig kurzer Zeit beim Birkenspanner. Dieser Schmetterling ist durch ein schwarzweißes Sprenkelmuster hervorragend auf flechtenbewachsenen Baumstämmen getarnt. Infolge der industriellen Revolution wurden aber viele Baumstämme mit Ruß geschwärzt, und auf diesem Hintergrund fielen die hellen Birkenspanner plötzlich auf. Sie bildeten eine leichte Beute für hungrige Vögel. Nur Birkenspannern, die ein abweichendes, nahezu einfarbiges dunkles Kleid besaßen, gelang es davonzukommen und sich weiter fortzupflanzen. Innerhalb weniger Gene-

Als sich unter den Rußemissionen der industriellen Revolution die Birkenstämme zu verdunkeln begannen, konnte fast nur noch die schwarze, melanistische Variante des Birkenspanners überleben. Die helle, dunkel gesprenkelte Normalform starb in Industriegebieten fast ganz aus. Dieser Industriemelanismus geht zur Zeit wegen der schärferen Umweltschutzbedingungen wieder zurück.

rationen wurden die Birkenspanner, die nahe den großen Industriestädten Englands lebten, fast ganz schwarz.

Wir sprechen in diesem Zusammenhang von einer melanistischen Variante. Bei einer Untersuchung in der Umgebung der Stadt Manchester fand man im Jahre 1900 heraus, daß 99 Prozent aller Birkenspanner der einfarbig schwarzen Variante angehörten, während sich in unverschmutzten Gebieten die hellen, dunkel gefleckten Exemplare weiterhin hielten. Innerhalb weniger Jahrzehnte hatten diese Schmetterlinge also einen deutlich sichtbaren evolutionären Schritt getan. Heute ist die Tendenz wieder rückläufig. Die dunklen, melanistischen Birkenspanner gehen durch die verschärften Umweltbestimmungen und die allgemeine Verbesserung der Umweltsituation wieder zurück. Damit sind die hellen Tiere wieder im Vormarsch begriffen.

Die vielleicht ungewöhnlichsten Beispiele einer Tarnung zeigen jene Tiere, die bestimmte Einzelheiten ihrer näheren Umgebung nachahmen (Mimese). Es gibt zum Beispiel Insekten, die genauso wie grüne Blätter aussehen. Andere kann man in den Blüten, in denen sie sich bevorzugt aufhalten, einfach nicht erkennen; sie warten dort auf Beute. Stabheuschrecken schauen wie trockene Zweige, einige Nachtschmetterlinge wie Vogelkot oder Holzstückchen und Motten wie Borke aus. Einige Seepferdchen ähneln abgerissenen Tangstückchen, Frösche wiederum altem Laub auf dem Boden ihrer Umgebung. Diese Tarntrachten sind teilweise von derartiger Vollkommenheit, daß sie manche Tierbeobachter in Erklärungsnöte gebracht haben: Sie meinen, kein Räuber sei derart clever, wie die Tarntracht erwarten lasse. Warum sollte es also eine derart überraschende Detailtreue geben, etwa in Form vorgetäuschter Rostpilze oder von Lochfraß in den Schein-»Blättern«? Die Antwort auf

Viele Wüstentiere wie diese Zwergpuffotter verbergen sich nur zur Hälfte. Das Tier gräbt seinen Körper unter der Sandoberfläche ein. Nur der Kopf schaut heraus. In dieser Stellung lauert die Schlange auf Beute, ohne ihre Anwesenheit zu verraten.

diese Frage lautet: Weil diese Tarntrachten alle möglichen Räuber täuschen müssen. Die einen achten dabei auf solche winzige Einzelheiten, während andere eben nach einem andersgearteten Bildsuchraster verfahren. Am Ende ist eben nur eine Art von Tarnung wirksam: die vollkommene Imitation der natürlichen Umgebung.

Eine letzte Tarntechnik, die auch eine kurze Erwähnung wert ist, besteht darin, daß sich die Tiere nur teilweise verstecken. Anstatt sich an einen sicheren Ort zu flüchten und mit dem ganzen Körper zu verbergen, graben sie ihn zum Beispiel nur zur Hälfte ein und verharren dann regungslos, wobei der Kopf natürlich draußen bleibt. Einige Schlangen und Echsen zum Beispiel graben sich gerne im Sand oder Geröll so weit ein, daß nur noch der Kopf mit den Augen herausschaut. Die kleinen Augen sind dabei kaum zu erkennen. Wenn sie regungslos verharren, können sie selber sehen, ohne gesehen zu werden. Auch viele bodenbewohnende Fische graben sich gern in den Untergrund ein. Wenn sich ein Plattfisch beispielsweise auf dem Boden niederläßt, wirbelt er mit schnellen Flossenbewegungen das Sediment auf und legt sich dann ganz ruhig hin. Der aufgewirbelte Sand senkt sich dann auf seinen Körper und verbirgt die verräterischen Körperumrisse. Indem er ein paarmal flink blinzelt, befreit der Plattfisch dann die Augen vom Sand und hat nun ein freies Blickfeld für eventuell nahende Gefahren.

Einige Meerestierarten wie die Flötenmünder verbergen sich auf andere Weise. Versteckt in größeren Gruppen von Fischen, lauern sie auf Beute. Wenn eine Schule an einer anderen Fischart vorbeizieht, begibt sich der Flötenmünder in deren Mitte und schwimmt mit der Gruppe um die Korallenriffe herum. Mit diesem simplen Trick verbirgt er seine charakteristische, verräterische, langgestreckte Körperform und kann sich unbeobachtet seinen Beutetieren nähern. Tarnung ist im Tierreich für Tausende von Arten wesentlich, mag es sich nun um Räuber oder Beutetiere handeln.

Warnsignale

Die meisten Tiere sind nicht bunt gefärbt. Eine unauffällige Kleidung tarnt sehr gut und verbessert die Überlebenschancen. Wer diese Regel durchbricht und auffällige Farben zeigt, geht ein Risiko ein. Farbenprächtige Tiere ziehen leicht die unerwünschte Aufmerksamkeit von Räubern auf sich. Dennoch gibt es Tiere mit leuchtenden Farben, und der Tierbeobachter steht jedesmal vor der Herausforderung, eine Erklärung dafür zu finden, welchen besonderen Vorteil die bunte Zeichnung dem Tier bringt.

Auf diese Frage gibt es im Prinzip drei Antworten. Zunächst braucht das Tier die auffälligen Farben vielleicht aus sozialen Gründen, etwa um einen Geschlechtspartner anzulocken, einen Rivalen zu warnen, oder um eine führende Stellung in der Rangordnung zu dokumentieren. Des weiteren können auffällige Farben zur Unterscheidung von anderen Arten dienen, welche denselben Lebensraum bewohnen. In besonders vielfältigen Biotopen mit reichlich Nahrung, etwa einem Korallenriff,

Die lebhaften Farben und Zeichnungen dieser Raupen (oben und Mitte) dienen als Warnsignale. Sie signalisieren potentiellen Räubern, daß ihre Träger ungenießbar und unbedingt zu meiden sind. Je auffälliger die Farben, um so leichter sind sie zu merken – und kaum ein Räuber wird solche Tiere jemals wieder vergessen. Die Zeichnungen der Meeresschnecke unten dienen dem gleichen Zweck.

können sehr viele unterschiedliche Arten leben; das setzt jedoch voraus, daß sie sich gegenseitig sofort erkennen. Und das ist vor allem mit leuchtenden Farben und komplexen Mustern möglich.

Die dritte Funktion leuchtender Farben liegt in einer Warnung an die Feinde, daß mit dem betreffenden Tier nicht zu spaßen ist. Vor allem Arten mit einer »Geheimwaffe« – mit widerlichem Geruch oder Geschmack, mit Giftdrüsen, schmerzhaftem Stich oder giftigem Biß – zeigen diesen Umstand durch eine auffällige Warntracht an. Man spricht hier mit einem griechischen Fremdwort auch von aposematischer Tracht.

Wir wissen heute, daß diese Warntrachten wirklich funktionieren. Man hat nämlich immer wieder beobachtet, daß Räuber solche auffällig gefärbten Beutetiere mieden. Als man Affen Hunderte unterschiedlicher Insektenarten als Futter anbot, wurde nur eine von fünf mit auffälligen Farben verspeist. Bei unauffällig gefärbten Insekten wurden drei von vier Arten bereitwillig, gar gierig verschlungen. Die Affen verhielten sich sehr vorsichtig, wenn sie es mit auffällig gemusterten Tieren zu tun hatten. Diese Vorsicht haben sie sich entweder durch beobachtendes Lernen angeeignet – indem sie andere Artgenossen beobachteten, die diese Insekten fraßen, und die Auswirkung von deren »chemischer Kriegführung« miterlebten – oder sie verhalten sich so aufgrund einer angeborenen Reaktion gegenüber farbenprächtigen Zeichnungsmustern. Damit würden sie von Geburt an, ohne Lernprozeß, Beutetiere mit Warntrachten meiden. Mit Sicherheit lernen die Affen eine vorsichtige Haltung aber auch durch persönliche schmerzhafte Erfahrungen.

Eine solche persönliche Erfahrung hinterläßt eine bleibende Erinnerung. Wenn die unerfahrenen Jungtiere eine Beute mit Warntracht fangen, reinbeißen und zu kauen beginnen und dabei den ekligen brennenden Geschmack oder dessen giftige Auswirkungen kennenlernen, werden sie das gewiß für den Rest ihres Lebens nicht mehr vergessen. Mit Sicherheit reicht eine einmalige Lernerfahrung aus. Jeder

Die beiden Salamander (gegenüberliegende Seite) haben giftige Drüsen in ihrer Haut und sind damit vor Räubern geschützt. Daß sie ungenießbar sind, tun sie durch ihre hellen Warnfarben kund, die potentielle Räuber davon abhalten sollen, überhaupt zuzubeißen.

Die Rotbauchunke (links) zeigt auf der Bauchseite eine auffällige Färbung. Diese bleibt normalerweise verborgen, doch bei Gefahr dreht sich die Unke auf den Rücken. Die Heuschrekkenart aus der Familie der Katydidae (gegenüberliegende Seite) macht bei Gefahr einen Kopfstand, um die Warnfarben am Bauch zu zeigen.

Mensch, der schon einmal eine schlechte Auster gegessen, dann eine furchtbare Nacht mit Erbrechen durchgemacht hat, kann das verstehen.

Obwohl das Lernen sehr schnell, nach nur einmaligem Versuch, erfolgt, ist dieser Vorgang für die betroffene Beute natürlich alles andere als angenehm, denn im günstigsten Fall ist sie verwundet worden. Sehr wahrscheinlich wird das Beutetier aber den Angriff nicht überleben. Das ist eine der Schwächen dieses Systems. Warntrachten funktionieren sehr gut bei erfahrenen Räubern, fordern aber wiederholt Opfer, wenn junge Tiere jagen lernen. Insgesamt gesehen lohnt es sich aber, einen widerlichen Geruch oder Geschmack durch Warnfarben öffentlich kundzutun. Nach den ersten schlechten Erfahrungen werden solche Beutetiere in Ruhe gelassen und können ein verhältnismäßig beschauliches Leben führen. Sie brauchen nicht so oft zu fliehen, sich zu verbergen oder gar aktiv zu verteidigen. Damit kann das Leben gemächlicher verlaufen, die Lebensspanne vielleicht sogar verlängert werden. Tiere mit Warntrachten leben im Durchschnitt länger als Tiere ohne auffällige Farben, und es gibt einen einfachen Grund dafür. Haben sie nämlich ihren Fortpflanzungszyklus beendet, so können sie als eine Art Trainer für junge Räuber weiterleben. Werden sie bei einem Angriff tödlich verwundet, so ist die Population als Ganzes durch ihren Tod nicht gefährdet, denn sie haben sich bereits fortgepflanzt. Ihr eigenes »Opfer« dient sogar dem Überleben der Art, weil sie auf indirektem Weg die Jungtiere schützen. Wenn unauffällig, kryptisch gefärbte Tiere nach der Fortpflanzungszeit weiterleben, steigt

Wenn sich durch widerlichen Geschmack oder durch Waffen geschützte Insekten durch besondere Warntrachten vor einem Angriff schützen können, folgt daraus, daß auch harmlose Arten mit ähnlichen, imitierten Mustern diesen Schutz genießen. Wir bezeichnen dies als Mimikry. Hier wird eine Stechwespe (oben links) von einer harmlosen Schwebfliege (oben rechts) nachgeahmt. Der ungenießbare Schmetterling (gegenüberliegende Seite, links oben) diente als Modell für einen eigentlich genießbaren Nachahmer (gegenüberliegende Seite, links unten). Beide Falter stammen aus Nigeria.
Auch die giftige Korallenschlange (gegenüberliegende Seite, rechts oben) wird von einer ungiftigen Schlange (gegenüberliegende Seite, rechts unten) mit fast identischem Muster nachgeahmt. In allen drei Fällen handelt es sich um Batessche Mimikry.

im Gegensatz dazu nur die Populationsdichte und damit auch die Chance, daß ein Räuber trotz ihrer Tarnung auf die Tiere stößt. Ist dies bereits eingetreten, so entwickelt der Räuber ein Suchbild und findet mit dessen Hilfe viel leichter weitere Beutetiere. Es ist für kryptische Arten also besser, wenn die Individuen bald nach der Fortpflanzung sterben.

Ein Nachteil der Warnfarben besteht darin, daß sie möglicherweise Räuber anlocken, die sie vielleicht gar nicht beachtet hätten, wenn sie nicht so bunte Farben trügen. Einen Ausweg aus diesem Problem bietet eine Weiterentwicklung: eine Färbung, die von fern unauffällig und nur aus nächster Nähe bunt und lebhaft wirkt. Diese raffinierte Verfeinerung ist bei gewissen Raupen und Schmetterlingen zu beobachten. Eine andere Variante sieht so aus: Wenn sich der Räuber dem Beutetier nähert, nimmt dieses eine bestimmte Haltung ein und präsentiert dabei unvermittelt seine Warnfarben. Während der normalen Ruhehaltung bleiben sie verborgen. Eine solche Warntracht zeigen zum Beispiel die Nachtpfauenaugen und die Ordensbänder, aber auch viel tropische Frösche.

Eine weitere Schwäche des Systems besteht darin, daß unintelligente Räuber nur langsam oder überhaupt nicht lernen. Niedere Formen sind anscheinend oft unfähig, ihre automatische Reaktion auf bunt gefärbte Beutetiere zu unterdrücken. Jeder Angriff erfolgt dann so, als handele es sich um das erste Zusammentreffen mit dem widerlich schmeckenden Beutetier. Das wiederum bedeutet, daß auffällige Farben für gewisse Beutetiere ein dauerndes Risiko darstellen, das man lieber nicht eingehen sollte. Nur intelligente Räuber sind lernfähig. Wenn der Hunger aber groß ist, beißen alle Räuber zu, ob intelligent oder nicht. Und der Hunger ist bei allen Räubern ein häufiger Gast. Sie fressen dann Arten mit Warntrachten genauso wie unauffällige Beutetiere. Einige Räuber haben eine besondere Widerstandsfähigkeit gegen gewisse Gifte entwickelt;sie können widerlich schmeckende Beutetiere ohne nachteilige Folgen fressen.

Trotz all dieser Nachteile ist die Warntracht von großem Nutzen. Sie ist deswegen im Tierreich auch weit verbreitet. Die schwarzgelbe Bänderung von Bienen und Wespen ist leicht zu merken. Auch die schwarzen und weißen Streifen des Stinktiers wirken in höchstem Grade abschreckend, selbst von weitem. Warnfarben finden sich bei Raupen und Schmetterlingen, Marienkäfern, Fröschen und Salamandern und anderen Tiergruppen. Wenn man genau hinschaut, bemerkt man, daß alle gewisse Merkmale gemeinsam haben. Fast alle Warntrachten bestehen zum Beispiel aus hellen Bändern oder Flecken auf schwarzem Grund. Die helle Farbe ist normalerweise Weiß, Gelb oder Orange und setzt sich deutlich gegenüber dem Schwarz ab. Das ist kein Zufall, denn die Zeichnung soll ja auch gegenüber farbenblinden Arten und nicht nur gegenüber farbtüchtigen funktionieren.

Ein weiteres merkwürdiges Merkmal der Warntracht ist die bemerkenswert geringe Schwankungsrate von Art zu Art. Selbst recht unterschiedliche Gruppen zeigen ganz ähnliche Warntrachten. Auch das ist kein Zufall und bietet ganz bestimmte Vorteile. Wenn zum Beispiel mehrere nicht näher miteinander verwandte, widerlich schmeckende Schmetterlinge in einem bestimmten Gebiet zusammenleben und eine Art unter ihnen eine Warntracht mit schwarzer, gelber und roter Zeichnung entwickelt, hat, so zahlt es sich für die anderen Arten aus, die gleiche Warntracht zu übernehmen. Damit teilen sich mehrere Arten das Risiko des Gefressenwerdens durch unerfahrene Räuber. Hat ein solches Tier in einen Schmetterling gebissen, so wird es künftig nicht nur Angehörige dieser Art, sondern auch alle anderen Arten mit ähnlicher Zeichnung mieden. Diese Schmetterlinge bilden also zusammen eine Art Club, und dieses Phänomen, daß mehrere ungenießbare Arten eine Warntracht gemeinsam haben, nennt man nach einem deutschen Feldforscher Müllersche Mimikry.

Der englische Naturforscher Henry Bates entdeckte eine andere Form von Mimikry. Er beobachtete, daß viele genießbare Schmetterlinge die gleichen hellen Zeichnungsmuster aufwiesen wie ungenießbare. Er sah, wie diese schmackhaften Arten von Räubern mit großer Vorsicht behandelt wurden, so als schmeckten auch sie widerlich. Mit anderen Worten: Es handelt sich hier sozusagen um Schafe im Wolfspelz.

Sie stellen eine harmlose Kopie ungenießbarer Vorbilder dar und ziehen aus dieser Täuschung Nutzen. Man spricht hier von Batesscher Mimikry. Sie funktioniert natürlich nur, wenn die ungenießbare Art häufig ist, so daß die Räuber genügend schlechte Erfahrungen sammeln können. Überwiegen jedoch die nachahmenden Schmetterlinge, so kann der Trick nicht mehr funktionieren. Untersuchungen an Staren als Räubern zeigten, daß die Nachahmer nicht über die 60-Prozent-Grenze hinauswachsen durften. Sonst ging der Schutz schnell verloren. Solange aber 40 Prozent oder mehr der Tiere mit Warntrachten widerlich schmeckten, funktionierte die Batessche Mimikry sehr gut.

Wenn die Beutetiere nur widerlich schmecken oder ungenießbar sind, können die Räuber ihre Lektion ohne Risiko lernen. Sie werden vielleicht krank, müssen sich erbrechen oder leiden unter starken Schmerzen, sterben aber nicht daran. Sie leben weiter, wissen nun Bescheid und lassen Vorsicht walten. Doch was geschieht, wenn die Beute selbst tödlich ist? Wenn das Gift zum Tode führt? In solchen Fällen stirbt jedes räuberische Individuum an seinem Fehler und kann nichts mehr lernen. Das ist weder für das Beutetier noch für den Räuber von Vorteil. In solchen Fällen ist es absolut notwendig, daß der Räuber angeborene Reaktionen auf die Warnsignale seiner todbringenden Beute entwickelt. Damit kann er ihr ohne Lernprozeß aus dem Wege gehen. Ein Beispiel dafür geben uns die tödlich giftigen Seeschlangen und eine ganze Reihe räuberischer Fische. Die auffällig gefärbten Seeschlangen gehören zu den giftigsten Tieren auf der ganzen Welt. Sie kommen nur in den warmen Gewässern des Indopazifiks vor, im Atlantik hingegen überhaupt nicht. Bei Versuchen haben Forscher entdeckt, daß große Raubfische aus dem Pazifik Seeschlangen mieden, wenn sie ihnen als Futter vorgesetzt wurden. Fische aus dem Atlantik kannten diese Vorsicht nicht und griffen die Schlangen an. Bei den Experimenten verwendete man zehn Fischarten aus dem Pazifik und neun aus dem Atlantik. Es ist höchst unwahrscheinlich, daß irgendeiner dieser pazifischen Fische schon jemals zuvor mit einer Seeschlange zu tun hatte. Es scheint also, daß in diesem Fall das Meiden der tödlichen Beute angeboren war. Ohne Zweifel gibt es noch mehr solche Fälle.

Chemische Verteidigung

Die Schrecken der chemischen Kriegsführung sind nicht auf militärische Versuchslaboratorien beschränkt. Auch die Natur ist voll von ihnen. Wir alle wissen von den dramatischen Auswirkungen der Schlangen- und Spinnengifte, kennen vielleicht aus eigener Erfahrung die Stiche von Wespen, Quallen, Skorpionen und Stechrochen. Im Tierreich gibt es aber noch viele weitere Beispiele für chemische Verteidigung. Einige darunter führen in kürzester Zeit zum Tode.

Die Weltmeister im Vergiften – wahre Borgias des Regenwaldes – sind die Pfeilgiftfrösche, die auch Baumsteiger- oder Farbfrösche heißen. Wir begegnen ihnen im Unterholz tropischer Wälder Südamerikas. Die wundervoll gefärbten Tiere sind normalerweise weniger als fünf Zentimeter lang und haben in ihren Hautdrüsen ein Gift, dessen Wirksamkeit man nur schwer anschaulich beschreiben kann. Mit einem Gramm dieses Giftes könnte man 100 000 Menschen durchschnittlicher Körpergröße töten, mit 25 Gramm 2,5 Millionen Menschen auslöschen! Das ist das stärkste uns bekannte Gift in der ganzen Tierwelt.

Die Pfeilgiftfrösche tragen ihren Namen zu Recht. Lange vor der Ankunft des weißen Mannes fingen schon

Die stärksten Gifte des Tierreichs haben die kleinen, bunt gefärbten Pfeilgift- oder Baumsteigerfrösche, die in südamerikanischen Wäldern vorkommen (gegenüberliegende Seite und rechts).

Der Skunk verspritzt aus seinen Analtaschen eine äußerst übelriechende und ekelerregende Flüssigkeit. Vor einem solchen Angriff warnt er allerdings den Gegner.

Unten: Das Männchen des Schnabeltiers hat am Hinterbein einen hohlen Sporn, der mit einer Giftdrüse in Verbindung steht.

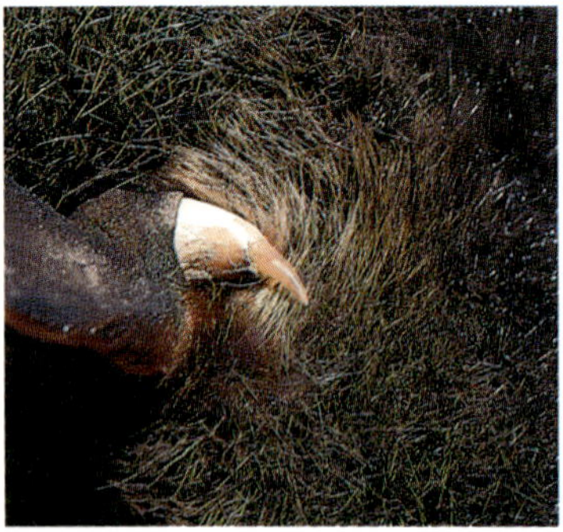

die Indianerstämme des Amazonasbeckens diese Tiere und verwendeten sie für die Herstellung ihrer Pfeilgifte. Sie spießten die Frösche bei lebendigem Leib auf und hielten sie über ein Feuer. Dabei gaben die Tiere langsam ein milchiges Sekret ab. Die Indianer tauchten ihre Pfeilspitzen in diese Flüssigkeit und ließen sie dann trocknen. Ein Frosch reichte für fünfzig Pfeilspitzen. Auf der Jagd oder im Krieg hatten die Indianer damit eine tödliche Waffe. Jedes Lebewesen, das von einem solchen Pfeil – wo auch immer – getroffen wurde, war fast augenblicklich gelähmt und in kurzer Zeit tot.

Infolge ihrer tödlichen Verteidigungswaffen leben diese kleinen Frösche ungestört und offen auf dem Waldboden. Sie hüpfen für alle sichtbar umher und machen mit ihren Warnfarben sogar auf sich aufmerksam. Auch viele andere Tiere mit geheimen chemischen Waffen verstecken sich keineswegs. Manche bringen sogar mit besonderen Verhaltensweisen ihre Bereitschaft zu einem chemischen Schlagabtausch zum Ausdruck.

Wer jemals einem Stinktier oder Skunk begegnet ist, weiß, daß diese Marderart deutlich warnt, bevor sie ihre übelriechende Flüssigkeit verspritzt. Erst stampft der Skunk mit seinen vier Füßen auf den Boden und macht einen Buckel. Gleichzeitig zeigt er sein auffälliges schwarzes und weißes Fell. Wenn das den Feind noch nicht abschreckt, schwingt er seinen Körper vor und zurück, als ob er einen Anlauf nehmen wollte. Besonders der Fleckenskunk führt in diesem Stadium auch einen Handstand vor, wobei er die Hinterbeine hoch in die Luft hält. Mit dieser ganz ungewöhnlichen Körperhaltung zeigt er seine Flecken noch deutlicher, und in dieser Stellung kann er sogar einige Meter auf den Angreifer zugehen.

Ursprünglich geht dieser Handstand wohl auf das Setzen von Duftmarken zurück. Kleine Raubtiere kennzeichnen so höhergelegene Gegenstände mit ihrem Duft. Einige Mungos markieren bei einem ähnlichen Handstand überhängende Zweige mit ihrem persönlichen Duft, und südamerikanische Waldhunde stellen sich regelmäßig auf die Vorderbeine, wenn sie Baumstämme mit ihren Duftmarken versehen. Sehr wahrscheinlich hat man diese Verbindung von Handstand und Duftmarkieren deshalb mit dem Ausstoßen der Abwehrflüssigkeit des Skunks in Verbindung gebracht. Der Handstand ist eine ganz klare Botschaft: Wenn du näherkommst, spritze ich dich an.

Bevor der Skunk jedoch seine übelriechende Flüssigkeit verspritzt, muß er wieder eine Haltung auf allen vier Füßen einnehmen, den Schwanz heben und einen richtigen Katzenbuckel machen. Dann blickt er über die Schulter nach seinem Feind, zielt und spritzt. Dabei schwingt er seinen Körper leicht in seitlichen Bewegungen hin und her, wie ein Maschinengewehrschütze es mit seiner Waffe im Krieg tut. Damit erhöht sich die Trefferwahrscheinlichkeit, denn der Skunk besprüht ein Gebiet mit einem Winkel von ungefähr 45 Grad.

Jedes Tier, das einmal angespritzt worden ist, reagiert augenblicklich auf das Drohgebaren eines Stinktieres und zieht sich zurück. Dies mit gutem Grund. Die Flüssigkeit riecht nicht nur ekelerregend, sondern fügt dem Gegner, wenn sie ihn trifft, auch große Schmerzen zu. Der hauptsächliche Giftstoff im Sekret der beiden Aftertaschen ist Butylmerkaptan aus der Gruppe der Schwefelalkohole. Er schädigt vor allem empfindliche Schleimhäute. Wenn das Sekret in die Nase des Angreifers gelangt, kann es die Schleimhautgewebe zerstören. Im Mund erzeugt es einen langanhaltenden Brechreiz. Gelangt die Flüssigkeit auch ins Auge, so verursacht sie fast unerträgliche Schmerzen und zeitweilige Blindheit. Es tut einem Beobachter richtig weh mitanzusehen, wie sich ein Hund, der ahnungslos einem Stinktier zu nahe kam, in Todesqualen windet. Er würgt und erbricht sich wiederholt und versucht verzweifelt das Gesicht sauber zu reiben. Eine solche Lektion vergißt ein Tier nie wieder.

Der Skunkgestank scheint ewige Zeiten anzuhalten. Das Tier verspritzt die bernsteinfarbige Flüssigkeit mit großer Kraft über eine Entfernung zwischen zweieinhalb und drei Metern. Bei günstigem Wind wird der Gestank über eine Meile weit fortgetragen. Handschuhe, die beim Kontakt mit einem Stinktier besprüht worden sind, stinken noch nach einem Jahr.

Wenn ein Skunk seine Aftertaschen lange Zeit nicht entleert hat, kann er ungefähr sechsmal nach einem Feind spritzen. Er wird seine ganze Munition aber kaum bei einem Mal aufbrauchen, denn die Aftertaschen füllen sich erst nach einer Woche wieder. In der Zwischenzeit kann das Stinktier nicht das Risiko eingehen, mit leeren Duftdrüsen einem zweiten Räuber zu begegnen. Deswegen geht es mit seinen chemischen Waffen sparsam um. Aber auch so hält der Skunk fast jeden Feind in Schach.

Es gibt neun verschiedene Stinktierarten. Ihr gesamtes Verbreitungsgebiet erstreckt sich über fast ganz Nord-, Mittel- und Südamerika. Ihr Pendant in Afrika ist der Zorilla oder Bandiltis, doch seine chemische Waffe ist viel weniger beeindruckend. Einige andere kleine Raubtiere stoßen bei Gefahr unangenehm riechende Flüssigkeit zur Abschreckung aus. Dieses Verhalten findet man vor allem unter Füchsen, Mungos und Wieseln. Oft läßt ein hungriger Räuber von ihnen ab, weil der den Eindruck gewinnt, daß die erhofften Beutetiere vielleicht doch nicht so gut schmecken.

Bei all diesen Fällen gehen die Abwehrflüssigkeiten auf persönliche Duftsekrete zurück. Eine weitere Quelle chemischer Verteidigungsstoffe ist der Speichel. Unter den Säugern haben nur gewisse Maulwürfe und Spitzmäuse einen giften Biß. Sie setzen ihn vor allem gegen Beutetiere

Einige Maulwürfe und Spitzmäuse verwenden chemische Waffen. Diese Kurzschwanzspitzmaus spritzt bei ihrem Biß ein Gift aus den Speicheldrüsen ein.

ein, um sie zu lähmen. Damit können sie sich ein Vorratslager an lebendiger Nahrung anlegen. In einem Maulwurfsnest fand man beispielsweise ein Lager mit 1280 gelähmten Regenwürmern. Der Giftbiß dient erst sekundär als Abschreckungsmittel gegenüber Räubern. Bei einigen Arten ist das Gift ziemlich stark. Eine amerikanische Kurzschwanzspitzmaus speichert so viel Gift, daß sie damit 200 Mäuse töten kann.

Sonst gibt es nur noch ein Säugetier, das chemische Waffen verwendet, nämlich das Schnabeltier. Das Männchen hat an der Knöchelgegend einen Sporn. Er ist hohl und steht mit einer Giftdrüse weiter oben in den Beinen in Verbindung. Die Sporen liegen normalerweise unter einer Hautfalte verborgen, können aber aufgestellt und zur Verteidigung verwendet werden. Das Gift ist immerhin so stark, daß es jedes Tier von der Größe eines Hundes tötet. Selbst erwachsene Menschen verspüren einen ungeheuren Schmerz und leiden monatelang an den

Gegenüberliegende Seite: Giftschlangen beißen ihre Gegner eigentlich nicht, sondern sie stechen sie mit offenem Mund. Dabei spritzen sie ihr Gift über hohle Zähne im Oberkiefer ein. Die Giftzähne dieser Klapperschlange sind deutlich zu erkennen, haben aber noch nicht die endgültige Stellung beim »Zubeißen« angenommen. Der Kiefer öffnet sich dabei noch viel mehr, so daß die Zähne genau nach vorne weisen.

Spätfolgen. Man weiß bis heute nicht, warum das Schnabeltier überhaupt Gift entwickelt hat. Die Art scheint nämlich keinen Feind zu haben, gegen den sie es einsetzen könnte. Da die Giftdrüse und der Sporn nur beim männlichen Geschlecht auftreten, hat man vermutet, sie spielten bei den Rivalitäten zwischen Männchen eine Rolle. Vielleicht entstand der Giftsporn aber auch ursprünglich als Waffe zum Töten von Beutetieren und wurde dann erst sekundär gegen Angreifer verwendet. Eines steht fest: Als die Dingos und die ersten Menschen nach Australien kamen, kamen die Giftsporne den Schnabeltieren als wirksame Verteidigungswaffen gegen die Neuankömmlinge sehr zugute.

Die berüchtigsten Gifttiere sind die Schlangen. Ihr schlechter Ruf führte zu einer unsinnigen Verfolgung auch harmloser Reptilien. Da aber einige Schlangen wirklich gefährlich sind, hat der Mensch Angst vor allen Schlangen. Nur 15 Prozent der Schlangenarten sind giftig: Es gibt 2300 harmlose Schlangenarten und nur 400 giftige, doch nur wenige Menschen machen sich die Mühe, hier zu differenzieren. Wer einer Schlange begegnet, geht lieber kein Risiko ein und schlägt sie tot.

Die afrikanischen Speikobras können einen Feind aus zwei Meter Entfernung mit Gift anspritzen. Das Sekret schmerzt vor allem in den Augen und kann zu zeitweiliger Blindheit führen.

Die einheimische Erdkröte scheidet bei ernsthafter Bedrohung aus den langgezogenen großen Parotoiddrüsen hinter dem Auge ein milchiges Sekret aus, das ein außerordentlich starkes Gift enthält. Jedes Säugetier, das eine Erdkröte beißt, muß deswegen sehr schnell erbrechen. Besonders empfindlich reagieren Hunde darauf, während einige Schlangen praktisch immun zu sein scheinen.

Eine giftige Art erkennt man verhältnismäßig einfach an der Form des Kopfes. Ist dieser ungewöhnlich breit, so hat man es fast sicher mit einer hochgiftigen Art zu tun. Das Gift wird nämlich in stark vergrößerten und veränderten Speicheldrüsen gelagert. Diese Drüsen stehen mit langen, zugespitzten und innen hohlen Zähnen in Verbindung, die wie Injektionsnadeln wirken. Sie spritzen das tödliche Gift in den Körper des Opfers. Bei den höchstentwickelten Schlangenarten sind die Giftzähne mit einem Scharnier versehen. Bei geschlossenem Mund liegen die Zähne flach dem Mundboden an. Werden die Kiefer jedoch geöffnet, so drehen sich die beiden oberen Giftzähne ungefähr um 90 Grad und stellen sich auf. Bei weitgeöffneten Kiefern sind Giftzähne also direkt nach vorne gerichtet. In diesem Augenblick stößt die Schlange mit der erstaunlichen Geschwindigkeit von zweieinhalb Meter pro Sekunde zu. Der Abstand zwischen Schlange und Opfer beträgt aber vielleicht nur fünfzig Zentimeter, und so hat man kaum eine Viertelsekunde Zeit zur Reaktion, um einem Biß zu entgehen.

Wenn sich die Giftzähne im Körper des Opfers befinden, wird das Gift unter Druck durch die hohlen Giftkanäle eingespritzt. Es breitet sich schnell im Körper des Opfers aus, vor allem über dessen Blutkreislauf. Es ist nicht leicht, allgemeinverbindliche Angaben zu machen, wie sich ein Mensch nach einem Schlangenbiß verhalten sollte. Auf jeden Fall ist Ruhe empfehlenswert, damit sich das Gift möglichst wenig im Körper ausbreitet. Die klassische mannhafte Reaktion ist das Anlegen eines Kreuzschnittes und Aussaugen, wobei der arme Leidtragende meistens noch ein weiteres Trauma erleidet. Und es nützt überhaupt nichts, da das Gift zum Zeitpunkt des Saugens bereits im Körper zirkuliert. Am besten ist die möglichst schnelle Verabreichung eines Schlangenserums. Leider muß man dabei aber unbedingt wissen, welche Schlange zugebissen hat. Die Schlangengifte sind nämlich sehr verschieden und so komplex, daß es unmöglich ist, ein Serum zu entwickeln, das gegen alle Schlangenbisse hilft. So braucht man für den Biß jeder Giftschlange das spezifische Schlangenserum. Ein Fehler bei der Behandlung bedeutet, daß sich die Gefahr für das Leben des Patienten weiter erhöht.

Der typische Schlangenbiß ist also eher ein Stich, ein Zustechen mit offenem Mund. Auf keinen Fall beißt die Schlange sich am Opfer fest. Sie muß nämlich ihre wertvollen Giftzähne möglichst schützen. Würde sich die Schlange in ihrem Opfer verbeißen, so würden die langen zarten Giftzähne beim nachfolgenden Kampf fast sicher abgebrochen. Des-

Es gibt nur zwei Arten giftiger Echsen, die Gila-Krustenechse und die ähnliche, doch etwas größere Skorpions-Krustenechse. Beide verbeißen sich im Angreifer, so daß das Gift aus ihrem Mund in die Wunde einsickern kann.

Am häufigsten machen Schwimmer mit giftigen Fischen unliebsame Bekanntschaft, wenn sie auf einen Stechrochen oder ein Petermännchen treten. Der Stechrochen reagiert darauf, indem er seinen langen dünnen Schwanz nach oben schlägt und den Angreifer mit einem Stachel verletzt. Dieser weist eine gesägte Kante auf. Die eingespritzten giftigen Proteine erzeugen einen Schmerz, der schwer auszuhalten ist.

wegen greift die Schlange schnell an und zieht sich sofort zurück, um das Ergebnis abzuwarten. Das Opfer ist innerhalb kurzer Zeit bewegungsunfähig. Das Schlangengift dient also in erster Linie dem Zweck, das Beutetier vor dem Verschlingen ruhigzustellen. Der Gebrauch bei der Selbstverteidigung ist nur von sekundärer Bedeutung. Die Schlange greift nur selten zu diesem letzten Mittel. Kann die Schlange das Opfer nicht fressen, so zieht sie sich zurück und versteckt sich. Hat das Beutetier hingegen die richtige Größe, so beginnt die Schlange mit dem Verschlingen, noch während das Beutetier im Todeskampf liegt. Trotz aller Vorsicht werden die Giftzähne beim heftigen Angriff doch gelegentlich beschädigt. In diesem Fall wächst sofort ein neuer Giftzahn nach. Zu jedem Zeitpunkt hat die Schlange auf jeder Seite des Mundes eine Reserve von ungefähr sechs Giftzähnen in unterschiedlichen Entwicklungsstadien. Die beeindruckendsten Giftzähne hat die afrikanische Gabunviper. Bei ihr sind sie fast fünf Zentimeter lang, während die anderen großen Vipern nur auf ungefähr zwei bis zweieinhalb Zentimeter kommen. Mit derart langen Zähnen kann die Gabunviper auch tiefere, gut durchblutete Gewebsschichten erreichen.

Das Schlangengift ist eine gelbliche trübe Flüssigkeit. Es enthält Nervengifte (Neurotoxine) und Blutgifte (Hämotoxine). Beim Gift der Kobras, Mambas und Seeschlangen überwiegen die Nervengifte. Bei den Vipern und Klapperschlangen stehen die Blutgifte im Vordergrund. Wer von einer Kobra gebissen worden ist, leidet unter einer zunehmenden Lähmung mit Übelkeit und Erbrechen, wird später von Krämpfen geschüttelt und kann nicht mehr atmen. Nach dem Biß einer Klapperschlange schwillt die verwundete Stelle stark an und wird blau, grün, purpurfarben oder ganz schwarz. Es entwickeln sich bläuliche Blasen und Pusteln. Diese Symptome breiten sich nach und nach über den ganzen Körper aus. Auch das Herz wird in Mitleidenschaft gezogen und hört am Ende auf zu schlagen.

Ein erwachsener Mensch überlebt diesen chemischen Krieg jedoch oft und erholt sich wieder ganz. In den Vereinigten Staaten werden jedes Jahr schätzungsweise tausend Menschen von Klapperschlangen ge-

Auf den ersten Blick erscheinen die Kegelschnecken nicht besonders gefährlich. Dennoch führen sie eine Giftharpune mit sich, deren Stich zu einem sehr schmerzhaften Tod führen kann. Wer Weichteile der Schnecke berührt, wird gestochen. Deswegen fassen Sammler die Tiere nur in der Mitte der Schale an. Der Stich einer Kegelschnecke kann binnen wenigen Stunden zum Tode führen.

Es gibt viele giftige Fische. Zu den gefährlichsten gehören der Rotfeuerfisch (oben links) und vor allem der hervorragend getarnte Steinfisch (oben rechts). Die dreizehn Rückenstrahlen seiner Rückenflosse enthalten soviel Gift, daß sie einen Schwimmer töten können, der zufällig mit nacktem Fuß auf dieses Tier tritt.

bissen, doch nur ungefähr dreißig sterben daran. Damit hat man eine Überlebenschance von über 30:1; manche Fachleute meinen sogar, sie betrage ungefähr 50:1.

Es ist schwierig, genaue Zahlen von anderen schlangengeplagten Gebieten in Afrika, Asien oder Südamerika zu erhalten. In den fünfziger Jahren versuchten sich allerdings Forscher einen weltweiten Überblick zu verschaffen und kamen auf ungefähr 30 000 Todesfälle jährlich durch Schlangenbisse.

Die vielleicht bemerkenswerteste Form der chemischen Verteidigung unter Schlangen findet sich bei den afrikanischen Speikobras. Sie richten sich bei einem Angriff auf und pressen ihre Giftdrüsen so fest zusammen, daß das Gift in einem Strahl ihrem Angreifer entgegengesprüht wird. Aus einem Abstand von rund zwei Metern können sie das Gesicht eines Menschen treffen. Das Schlangengift kann zur zeitweiligen Erblindung und zu bleibenden Sehschäden führen. Das Opfer leidet dabei unter furchtbaren Schmerzen. Kein Räuber, der einmal eine solche Erfahrung gemacht hat, riskiert es ein zweites Mal, diesen Schlangen zu nahe zu kommen.

Im Gegensatz zu den Schlangen haben sich die Echsen nicht auf die chemische Kriegsführung spezialisiert. Unter den 3000 Echsenarten besitzen nur zwei ein Gift, nämlich die Gila- und die Skorpions-Krustenechse aus Mexico und den südlichen Gebieten der Vereinigten Staaten. Ihr Gift hat denselben Ursprung wie das der Schlangen, denn es wird in einer Abart von Speicheldrüsen produziert. Die Krustenechsen haben aber keine Giftzähne. Sie beißen sich einfach mit ihren normalen Zähnen am Opfer fest. Das Gift dringt dann in die offene Wunde des Opfers ein. Die Krustenechsen verbeißen sich wie Bulldoggen in ihrem Opfer und lassen selbst dann nicht los, wenn sie von dem verletzten Opfer angegriffen werden. Es handelt sich aber keineswegs um aggressive Tiere. Sie gehen lieber jeder Störung aus dem Weg, und nur wenn man sie richtig belästigt, beißen sie zu. Ihre Neurotoxine wirken wie ein Schlangengift, doch Todesfälle gab es bisher nur sehr wenige. Bisher waren mit Sicherheit nur acht auf den Biß von Krustenechsen zurückzuführen.

Unter den Amphibien sind Giftdrüsen weit verbreitet, doch keine Art hat einen giftigen Biß. Wer unter Amphibiengift leidet, muß schon selbst zugebissen haben. Von den tödlich giftigen Pfeilgiftfröschen war schon die Rede. Es gibt aber noch viele weitere Frosch- und vor allem Krötenarten, deren Hautdrüsensekret oder Hautschleim zu Übelkeit und Erbrechen führen kann. Fast alle diese Amphibiengifte gingen aus Stoffen hervor, die als eine Art Schmiermittel die Haut der Lurche feucht hielten. Da die Tiere mit ekelerregendem Schleim gediehen, entwickelten sich, durch natürliche Auslese, immer ungenießbarere und schließlich sogar hochgiftige Sekrete.

Die Welt der Fische ist voller nadelscharfer Dornen und Stacheln, die mit Giftdrüsen in Verbindung stehen. Die größten Gefahren für den Menschen in Europa kommen von den Stechrochen, die in flachen Gewässern getarnt auf dem Meeresboden liegen. Wenn jemand unbeabsichtigt auf diese eigentlich harmlosen und keineswegs aggressiven Tiere tritt, so reagieren sie sofort durch eine schnelle Aufwärtsbewegung des langen dünnen Schwanzes. In der Nähe des Schwanzendes befindet sich ein scharfer Stachel mit einer sägeartigen Kante. Er dringt tief in das Fleisch des Angreifers ein. Auf der Unterseite des Stachels befinden sich Furchen mit einem schwammartigen giftigen Gewebe. Dieses enthält lösliche Proteine, die große Schmerzen und eine mächtige Anschwellung verursachen. Das Gift der Stechrochen führt aber nur selten zum Tode. Innerhalb von fünf Jahren wurden in Gewässern der Vereinigten Staaten tausend Fälle von Stechrochenangriffen beobachtet, doch nur zwei führten zum Tod.

Viel gefährlicher und vor allem viel schmerzhafter sind die chemischen Waffen des hervorragend getarnten und völlig lethargischen Steinfischs. Wenn ein Schwimmer auf einen dieser fast unsichtbaren Bodenbewohner tritt, muß er wohl die schlimmsten Schmerzen durchmachen, die man sich vorstellen kann. Wenn sich der kleine Fisch bedroht fühlt, besteht seine einzige Reaktion im Aufrichten der Rückenstacheln. Er bleibt ruhig an seinem Platz, selbst wenn das Wasser in der Nähe stark aufgewühlt wird. Das Gift befindet sich in kleinen Säckchen nahe den Spitzen der Flossenstrahlen. Wenn jemand auf den Fisch tritt, wird das Gift durch den Druck nach unten eingespritzt. Der Fisch selbst tut gar nichts dazu: Das Opfer spießt sich buchstäblich selbst auf. Der Schmerz ist so stark, daß die Opfer für eine Zeitlang den Verstand verlieren. Sie stürzen aus dem Wasser, wälzen sich auf dem Boden und haben Schaum vor dem Mund. Menschen, die zur Hilfe eilten, wurden bisweilen gebissen oder im Delirium angegriffen. Diese Pein kann bis zu zwölf Stunden lang anhalten. Morphium zeigt keinerlei Wirkung. Durch das Toben und Rasen wird das Opfer immer schwächer und verliert – wenn es Glück hat – auch das Bewußtsein. Der be-

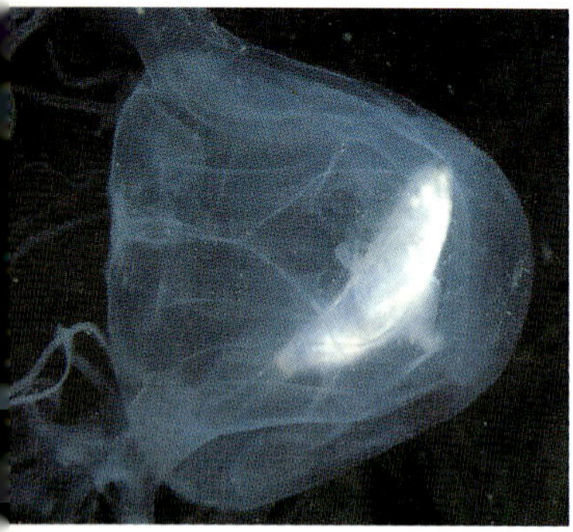

Unter den Quallen gilt die Portugiesische Galeere (gegenüberliegende Seite) als berüchtigter Killer. Trotz dieses Rufes gibt es jedoch keinen verbürgten Todesfall. Weniger spektakulär sieht die Seewespe (links) aus. Sie ist allerdings viel gefährlicher und gehört zu den giftigsten Tieren überhaupt. Ihre Nesselgifte können innerhalb von weniger als zehn Minuten zum Tod eines Menschen führen.

troffene Körperteil schwillt unförmig an, bis er wie ein Elefantenbein aussieht. Finger oder Zehen in der Nähe der Wunde werden schwarz und fallen später ab. Nicht selten tritt der Tod ein. Doch wurde kürzlich ein Gegengift entwickelt, das zur Heilung führt, wenn man es rechtzeitig bekommt.

Der Steinfisch, der im Indischen Ozean und im Pazifik vorkommt, ist die gefährlichste Fischart. Doch auch viele andere haben in ihren Flossen Giftstacheln. Allen stacheligen Fischen sollte man mit äußerster Vorsicht begegnen. Ähnliche Symptome, wenn auch in stark abgeschwächter Form, verursacht der Stich des Petermännchens, das von der Nordsee bis ins Mittelmeer verbreitet ist. Weitere gefährliche Formen sind die Skorpionfische, die Rotfeuerfische, manche Barsche und Welse. Einige sind völlig unscheinbar wie der Steinfisch, während andere durch auffällige Warntrachten ihre Gefährlichkeit demonstrieren. Die wundervollen Rotfeuerfische gehören zu dieser Gruppe. Die Stacheln dienten all diesen Fischen ursprünglich wohl als Verteidigung gegen räuberische Fische. Zusammen mit den Giftdrüsen sind sie nun eine Gefahr für alle Lebewesen, die diesen stacheligen Fischen zu nahe kommen.

Mit Seeigeln hat wohl schon fast jeder unliebsame Bekanntschaft gemacht. Unter ihnen gibt es auch Arten mit Giftsäckchen in der Nähe der Stachelspitzen. Diese brechen im Fleisch der Opfer sehr leicht ab und führen zu einer langanhaltenden Vergiftung und Infektion.

Überraschenderweise ist auch das Gift einiger Meeresschnecken gefährlich. Die harmlos aussehenden, wundervoll gemusterten und eigentlich recht trägen Kegelschnecken können mit ihrem Stich sogar Menschen töten, und die Medizin hat bis dato kein Gegenmittel gefunden. Sie stechen mit einer Art Harpune zu. Das Opfer wird benommen, gelähmt und stirbt an Herzversagen. Der Angriff erfolgt jedoch nur, wenn man die Weichteile der Schnecke mit der Hand berührt. Faßt man nur die harte Schale an, so kann nichts passieren.

Es ist nicht leicht, den giftigen, nesselnden Quallen aus dem Weg zu gehen. Im Wasser sind ihre Tentakel fast nicht zu sehen. Bei einigen Arten sind diese fädigen Anhängsel, die eine Länge von 15 Meter erreichen, voll von Nesselzellen. Man kann das Schwimmen in einem quallenverseuchten Meeresgebiet mit dem Gang durch ein Minenfeld vergleichen. Jede Nesselzelle enthält einen aufgerollten Schlauch mit Spitze. Stößt ein Opfer an einen Quallententakel, so geben buchstäblich Tausende von Nesselzellen automatischen ihren Inhalt frei. Sie schießen die spitzen Schläuche wie Harpunen ab. Diese dringen in die Haut ein und spritzen ein Gift ab, das lähmend wirkt. Ist das Opfer ein Fisch, so erfolgt sehr schnell der Tod. Dann wird das Tier mit den Quallententakeln hochgezogen und gefressen.

Beim Menschen führt das Nesseln der Quallen zu einem brennenden Schmerz. Die Haut entwickelt Blasen und Pusteln. Die gefährlichste Quallenart ist nicht, wie immer behauptet wird, die Portugiesische Galeere, sondern die Seewespe, die vor den australischen Küsten häufig ist. Ihre Neurotoxine erzeugen furchtbare Schmerzen und führen bisweilen zum Tod. Die Nesselzellen dieser Quallenart entladen sich bei

Die Schwarze Witwe ist die gefährlichste Spinnenart. Sie kommt im Mittelmeergebiet und in den Vereinigten Staaten vor. Ihr Biß führt allerdings nur in seltenen Fällen zum Tode. Die Überlebenswahrscheinlichkeit nach einem Biß beträgt Berechnungen zufolge 96 Prozent.

jeder Berührung. Deswegen sollte man das Wasser meiden, wenn sie gesichtet wird.

Dem Wasser kann man fernbleiben, doch damit ist man noch nicht vor giftigen Insekten, Spinnen und Skorpionen an Land geschützt. Einige stechen, andere beißen und wieder andere spritzen mit blind machenden Flüssigkeiten. In den meisten Fällen sind solche Erfahrungen nur unangenehm oder schmerzhaft. Tödlich gehen nur wenige Begegnungen aus. Eine der gefährlichsten Spinnen ist die Schwarze Witwe, die in mehreren Arten in Nordamerika und im Mittelmeergebiet verbreitet ist. Ihr Biß führt selten zum Tode, soll aber Schmerzen verursachen, die kaum auszuhalten sind. Eine eingehende Untersuchung von Angriffen Schwarzer Witwen auf Menschen in den Vereinigten Staaten von 1726 bis 1943 kam auf 1291 Fälle dieser Art. Damit ergaben sich im Durchschnitt nicht mehr als sechs Bisse pro Jahr. Insgesamt starben nur 55 Menschen, also alle vier Jahre ein Mensch. Trotz ihres schlechten Rufes stellt die Schwarze Witwe also kaum eine Gefahr dar.

Noch harmloser ist die gefürchtete amerikanische Vogelspinne. Durch billige Romane und durch Filme ist sie stark in Verruf geraten. Sie beißt aber nur äußerst selten zu, und ihr Biß ist nicht schlimmer als ein Bienenstich. Bei einem Angriff verwenden die Vogelspinnen zur Verteidigung viel eher ihre Körperhaare, als daß sie beißen. Sie schleudern ihre Haare dem Angreifer in einer dichten Wolke ins Gesicht. Das kann zu einem roten Hautausschlag führen, der aber nicht weiter bedeutend ist. Die gefürchtete Tarantel des Mittelmeers ist eine harmlos größere Wolfsspinne, die nur als letzte Verteidigung zubeißt. Ihr Biß ist nicht schlimmer als ein Wespenstich, und ihr schlechter Ruf ist ebenfalls ganz und gar unbegründet.

Kein giftiges Tier geht aktiv auf Suche nach Opfern, es sei denn auf Nahrungssuche. Entgegen aller Mythen, die sie als gnadenlose Killer und Verfolger darstellen, wollen selbst die gefährlichsten Arten eigentlich nur ihre Ruhe haben: Sie beißen nicht, sie stechen nicht, außer unter äußerster Bedrohung oder versehentlich – es sei denn, es handelt sich bei dem Opfer um eine potentielle Beute oder einen Rivalen der eigenen Art. Wie bei der Kriegsführung der Menschen sind chemische Waffen auch im Tierreich eher Abschreckungsmittel als Waffe.

Täuschungssignale

Täuschungssignale dienen der Irreführung. So wie der Zauberer seine Zuschauer mit seinen Kunststückchen an der Nase herumführt, so wird der sprungbereite Räuber durch falsche Signale getäuscht. Sie sollen den Angriff des Feindes fehlleiten, damit keine lebenswichtige Organe verletzt werden.

Die meisten Räuber greifen ihre Beute am Kopfende an. Wenn sie auf ihr Opfer losgehen, ignorieren sie das Hinterende des Körpers und zielen genau auf die Augen. Diese befinden sich an der Stelle, wo der Angriff am meisten Schaden anrichten kann. Und selbst wenn die Beute nicht beim ersten Schlag getötet wird, besteht doch eine große Chance, daß sie sich nicht mehr wirksam wehren kann. Viele Beutetierarten können ohne ihren Schwanz weiterleben, nicht aber ohne Kopf.

Die meisten Beutetiere können auch nur vorwärts schnell fliehen. Ein Angriff auf den Kopf verhindert also am wirk-

Ein großer Augenfleck am Schwanz lenkt das Interesse eines Räubers vom Kopf ab. Mit seinem falschen Augenfleck reduziert sich bei diesem Pfauenaugen-Buntbarsch (oben) das Risiko eines Angriffs auf den Kopf um die Hälfte.

Bei diesem Gauklerfisch (rechts) zieht der falsche Augenfleck am Hinterende des Körpers die ganze Aufmerksamkeit auf sich. Das richtige Auge liegt unter einem senkrechten Streifen verborgen.

Das eigentliche Auge dieses Spitzkopf-Kugelfisches (rechts) ist ziemlich auffällig. Dennoch wird die Aufmerksamkeit des Betrachters eher auf das große falsche Auge bei der nach hinten versetzten Rückenflosse gelenkt.

samsten das Entkommen. Viele Räuber packen ihre Beute auch beim Kopf, um sie von dieser Seite zu verschlingen. Bei den Fischen sind die Flossenstrahlen und die scharfen Kiemendeckelränder nach hinten gerichtet. Vom Kopfende her läßt sich ein solches Beutetier leicht verschlucken. In umgekehrter Richtung wäre das sehr schmerzhaft oder würde gar zu schwersten Verletzungen führen.

Aus diesen Gründen weisen einige Beutetierarten Zeichnungen auf, die zu einer Verwechslung zwischen Kopf und Schwanz führen. Der Kopf wird dadurch weniger kopfähnlich, und am Schwanz befinden sich augenähnliche Zeichnungen. Dadurch weiß der Räuber nicht, wo er zuschlagen soll.

Es gibt verschiedene Grade der Täuschung. Am einfachsten ist ein großer Augenfleck irgendwo am Hinterende des Körpers. Er täuscht für

Dieser Lippfisch (gegenüberliegende Seite oben) versteckt sein eigentliches Auge unter einer Reihe weißer Punkte. Diese allerdings sparen das falsche Auge am Hinterende der Rückenflosse aus.

Die lebhafte Zeichnung des jugendlichen Kaiserfisches (gegenüberliegende Seite unten) suggeriert mit ihren konzentrischen Ringen ein falsches Auge am Schwanzstiel. Dadurch wird die Aufmerksamkeit eines Räubers vom gefährdeten Kopfende abgelenkt.

Einige Echsen und Schlangen haben einen unauffällig gefärbten Körper mit einem bunten Schwanz. Die Aufmerksamkeit eines Räubers wird so auf das Schwanzende gelenkt; dorthin erfolgt dann auch der Angriff, während der Kopf verschont bleibt. Beim jugendlichen Streifenskink (unten) ist das Schwanzende hellblau, bei der Walzenschlange (rechts) orangerot, aber nur auf der Bauchseite.

den Räuber ein richtiges Auge vor. Damit halbiert sich für das Beutetier das Risiko, seinen Kopf zu verlieren. Normalerweise ist das falsche Auge etwas größer als das richtige, was die Überlebenschancen noch etwas erhöht. Wenn ein Räuber blitzschnell zuschlägt, hat er keine Zeit, die Augenzeichnung im Detail zu prüfen, um festzustellen, ob er nun auf das richtige oder das vorgetäuschte Auge losschießt. Er sieht nur »Auge« und denkt »Kopf«.

Noch etwas raffinierter ist die Täuschung durch ein Zeichnungsmuster, welches das richtige Auge tarnt und dafür das falsche Auge richtig auffällig gestaltet, mit einer riesigen schwarzen »Pupille« in einem leuchtend weißen Augenring.

Damit verschiebt sich das Gleichgewicht deutlich zugunsten der Beute. Die meisten Angriffe erfolgen auf das falsche Ende des Körpers. Selbst wenn Teile des Schwanzes verlorengehen, überlebt das Opfer und kann schnell entkommen.

Doch es gibt noch ausgeklügeltere Methoden. Forscher haben beobachtet, wie zwei Gauklerfische beim geringsten Anzeichen von Gefahr langsam rückwärts schwammen. Damit wirkten ihre falschen Augen noch viel realer. Wenn der Feind dann zum tödlichen Angriff ansetzte, änderten die Gauklerfische im letzten Augenblick die Richtung und schossen nach vorne davon. Der frustierte Killer schnappte nur ins Leere.

Täuschende Augenflecken finden sich bei einer Vielzahl nicht miteinander verwandter Arten. Offensichtlich haben sie sich im Laufe der Stammesgeschichte nicht nur einmal, sondern immer wieder neu entwickelt. Wir erkennen denn auch subtile Unterschiede: Die einen liegen bei der Rückenflosse, andere am Hinterende des eigentlichen Rumpfes, wiederum andere auf dem Schwanzstil. Auch das richtige Auge wird auf unterschiedlichste Weise getarnt. Bisweilen liegt es in einem senkrecht nach unten verlaufenden dunklen Streifen. In anderen Fällen ist der ganze Fischkörper von senkrechten Streifen bedeckt, und einer davon zieht sich über das Auge. Auch horizontale Streifen oder eine einzelne diagonale Linie können sich über das Auge ziehen und es damit tarnen. Ein sehr wirksames Muster ist eine Ansammlung schwarzer oder weißer Punkte, in deren Mitte sich das eigentliche Auge befindet. Die Jungtiere des Kaiserfisches zeigen ein Muster aus konzentrischen Linien, deren Mittelpunkt in Schwanznähe liegt. Sie haben keinen richtigen Augenfleck, doch die nach hinten in immer kleineren Kreisen zusammenlaufenden Linien sind ebenso wirkungsvoll. Am Kopfende hingegen sind nur formlos mäandernde Linien.

Bei einigen Fischen geht die Täuschung sogar noch einen Schritt weiter, sie zeigen nicht nur eines, sondern gleich zwei falsche Augen. Das verwirrt den Räuber noch mehr, weil er den Eindruck bekommt, er schwimme auf einen Fisch zu, der sich ihm direkt nähere. Die falschen Augen starren den Räuber unvermittelt an und fordern ihn zum Beißen auf. Das eigentliche Auge hingegen ist gut versteckt und befindet sich an ganz anderer Stelle.

Fische sind bei weitem nicht die einzigen Tiere, bei denen es solche Täuschung gibt. Auch Reptilien und Insekten wenden eine ähnliche Taktik an, doch brauchen sie oft keine Augenflecken, um das Interesse des Räubers an andere Körperstellen zu lenken. Sie brauchen nur auffällige Farben am Schwanz. Unter den Echsen ist dies bei den Jungtieren mehrerer Skinkarten zu beobachten. Ihre Köpfe sind unauffällig

Dieser Augenfalter (gegenüberliegende Seite) hat auf der Unterseite der Hinterflügel zwei Augenflecke, welche die Aufmerksamkeit eines räuberischen Vogels ablenken. In der Tat begegnet man oft Schmetterlingen mit dreieckigen Bißstellen in der Nähe dieser Augenflecken. Lebenswichtige Körperteile werden dabei nicht beschädigt.

und mit schwarzen und weißen Streifen getarnt, welche auch das Auge verbergen. Die Streifen verlaufen längs auf dem Körper, enden aber nahe an der Schwanzbasis. Der restliche Schwanz ist leuchtend blau gefärbt – so auffällig, daß man den Körper des Skinks selbst aus der Nähe kaum erkennt. Ein Räuber konzentriert sich bei der Jagd auf den Schwanz der Echse. Wenn er zuschlägt und den Schwanz auch wirklich packen kann, trennt sich dieser schnell vom Rumpf und zappelt und windet sich trotz dieser Verstümmelung weiterhin auf dem Boden oder auch im Maul des Räubers. Während sich die Echse in Sicherheit bringt, wird dem Räuber langsam klar, daß die erhoffte saftige Mahlzeit nur aus einem schuppigen mageren Schwanzende besteht.

Die meisten Skinke verlieren beim Eintritt ins Erwachsenenalter die blaue Färbung. Sie sind inzwischen aber viel reaktionsschneller und erfahrener geworden. Und sie sind nun auch voll getarnt und damit vielleicht alles in allem besser dran. Denn obwohl das blaue Schwanzende mancher jüngeren Echse das Leben rettet, zieht es durch seine auffällige Färbung womöglich überhaupt erst eine unerwünschte Aufmerksamkeit auf sich. Einige Arten behalten den auffällig gefärbten Schwanz jedoch bis ins Erwachsenenalter bei. Hier ist es offenbar auch für

Einige Schmetterlinge suggerieren mit ihrer Unterflügelzeichnung ein falsches Kopfende und lenken damit die Aufmerksamkeit der Vögel von lebenswichtigen Körperteilen ab. Dieser Bläuling zeigt nicht nur ein orangefarbenes Kopfmuster, sondern auch konzentrische weiße Streifen sowie verlängerte Schwanzfäden, die sich im Wind bewegen und wie Fühler aussehen.

erfahrene Tiere vorteilhafter, durch das kleine Opfer des Schwanzendes das Überleben zu sichern.

Einige Schlangen gehen noch einen Schritt weiter. Wenn sich ihnen ein Räuber nähert, verbergen sie den Kopf und heben ihr Schwanzende hoch, wobei sie es in der Luft hin und her bewegen. Bei der südostasiatischen Walzenschlange ist das Schwanzende hellrot oder orange gefärbt. Diesem Farbfleck, der sich so einladend bewegt, kann kaum ein Räuber widerstehen. Er greift das Schwanzende an und nimmt vom Kopf der Schlange keinerlei Kenntnis. Im Gegensatz zu den blauschwänzigen Skinken befindet sich die helle Farbe bei den Schlangen jedoch nur auf der Bauchseite. Wenn die Schlange also normal auf dem Boden kriecht, bleibt die auffällige rote Farbe verborgen. Sie wird nur nach einem Angriff deutlich, weil die Schlange die Bauchseite dann noch oben dreht.

Insekten kennen zwei unterschiedliche Arten der Täuschung. Bei einigen Schmetterlingen sieht das Ende der Hinterflügel wie ein Kopfende aus – mehr noch als der echte Kopf. Sie entwicklen sogar lange Schwanzfäden, dic wic cchtc Fühlcr ausschcn und sich im Wind auch leicht bewegen. Noch überzeugender fällt die Ablenkung einiger Fliegenarten aus. Ihr falscher Kopf hat große Augenflecken und lange Fühler, und bei Gefahr springen die Tiere rückwärts, um den täuschenden Eindruck noch zu verstärken.

Andere Schmetterlinge haben wie die Fische wunderschöne Augenflecken ausgebildet. Paarige Augenflecken auf den Hinterflügeln vermitteln den Eindruck eines unverwandt starrenden Gesichts. Solche Schmetterlinge zeigen in der Nähe ihrer Augenflecken oft Bißstellen, was beweist, daß Vögel ihren Angriff tatsächlich auf diesen Körperteil konzentrieren. Der Schmetterling kann ohne größeren Schaden entkommen, er muß nur ein bißchen Flügelfläche opfern.

Man darf diese Augenflecken nicht mit den viel größeren Augenzeichnungen verwechseln, die einige Arten bei Gefahr plötzlich enthüllen. Diese dienen weniger der Irreführung als vielmehr der Abschreckung, damit ein Räuber überhaupt nicht erst zum Angriff übergeht. Doch davon mehr im nächsten Kapitel.

Abschreckung

Wenn ein Räuber sich einem Beutetier nähert, versucht dieses oft, den Angreifer abzuschrecken. Wenn ihm die Überraschung gelingt, besteht die allerdings geringe Chance, daß der Feind erschrickt und sich zurückzieht. Vielleicht wird der Räuber im letzten Augenblick vor dem Angriff einen kurzen Moment stutzen. Dieses Zögern kann dem Beutetier bereits für die Flucht reichen. Zeit bei einem Angriff zu gewinnen lohnt sich immer. Viele Tiere verfolgen diese Taktik, im wesentlichen auf zwei Wegen: durch plötzliche Geräusche und durch plötzliche Abschreckbewegungen.

Daß dies plötzlich und unerwartet geschieht, ist von lebenswichtiger Bedeutung. Etwas, das allmählich vor sich geht, kann niemanden erschrecken. Wie die Produzenten von Horrorfilmen sehr genau wissen, läßt sich das Publikum am wirkungsvollsten dadurch erschrecken, daß ein unbekanntes Objekt plötzlich auf die Leinwand saust, ganz dicht an das Gesicht des Helden heran.

Oben: Das plötzliche Fauchen und Zischen einer wütenden Katze überrascht einen Angreifer auch deswegen, weil es ihn an die Drohgeräusche einer Giftschlange erinnert.

Die urplötzlich herausschießende hellblaue Zunge dieses Skinks (rechts) läßt den Angreifer innehalten. Er überlegt es sich zweimal, ob er ein solches Tier wirklich angreifen soll.

Wenn das fremde Wesen blitzartig erscheint, springt das Publikum auf und schnappt nach Luft. Das ist ein tiefverwurzelter Mechanismus, den wir mit den meisten höheren Lebensformen teilen. Ein unerwarteter Knall in unserer Nähe hat die gleiche Wirkung. Unsere Muskulatur verspannt sich, wir ziehen den Hals ein, und die Augen schließen sich automatisch. In diesem Bruchteil einer Sekunde kann ein Beutetier entkommen, wenn es denn schnell genug ist. Langsame Arten hingegen müssen den Angreifer geradezu in Panik versetzen, damit er sich erschreckt an einen sicheren Platz zurückzieht und vom Beutetier abläßt.

Vor allem Säuger, die sich in dunklen Höhlen oder Spalten verbergen, reagieren auf die Annäherung eines Räubers mit explosivem Fauchen und Zischen. Das plötzliche Geräusch läßt den Angreifer zurückfahren, und das Fauchen danach alarmiert ihn noch mehr. Er zieht sich langsam zurück und beobachtet das dunkle Versteck, aus dem der Laut kam. Man kann sich leicht vorstellen, warum diese Geräusche so wirksam sind. Giftschlangen zischen, wenn sie gereizt werden, und kein Räuber geht das Risiko ein, von einem solchen Tier gebissen zu werden.

Von dieser Schlangenmimikry machen viele Arten Gebrauch, angefangen von der Hauskatze bis zu Finken. Wird eine Katze von einem Hund gereizt, so faucht sie laut, was seine Wirkung auf den Angreifer nie verfehlt. Wenn sie danach ähnlich wie eine Schlange zischt, wedelt sie dabei mit dem Schwanz und vervollkommnet damit noch die Illusion. Nur ganz mutige Räuber fallen im Halbdunkel auf diesen Bluff nicht herein.

Überraschenderweise befolgen auch einige kleine höhlenbrütende Vögel eine ähnliche Taktik. Die afrikanische Bandamadine, eine Prachtfinkenart, führt bei einer Störung in ihrem kugelförmigen Nest einen bizarren »Schlangentanz« auf. Wer in ein Bandamadinennest schaut, während der Vogel darin brütet, hat plötzlich das beunruhigende Gefühl, er sei einer Schlange ungemütlich nahe gekommen. Anstatt zu fliehen, wie es die meisten Kleinvögel bei derart geringem Abstand täten, bleibt die Bandamadine sitzen und zischt wie eine Schlange. Dazu versetzt sie den Körper in eine wellenförmige Bewegung ähnlich der einer Schlange. Selbst menschliche Beobachter finden diese nahe Begegnung ungemütlich und ziehen sich zurück. Unsere Furcht vor Schlangen wurzelt genauso tief wie die Angst vor plötzlichen Bewegungen. Und das gilt

Wenn die Tarntracht dieser Gottesanbeterin (links) versagt und sie attackiert wird, greift sie zu einem letzten Verteidigungsmittel. Sie entfaltet plötzlich ihre Flügel und breitet die Vorderbeine weit aus. Die unvermittelte Verwandlung mag manch einen Angreifer abschrecken.

Räuber hüten sich normalerweise, giftige Tiere anzugreifen. Diese Gespenstheuschrecke (unten) überrascht ihren Feind, indem sie ihren Hinterleib wie ein Skorpion hochbiegt. Durch weitere realistische Bewegungen erweckt sie den Eindruck, als wolle sie mit einem Giftstachel zustoßen.

auch für viele Räuber. So gesehen, ist es schwer zu verstehen, warum nicht mehr brütende Vögel diese Art der Verteidigung anwenden.

Auch plötzlich auftretende Farbflecken oder sonstige auffällige Muster, besonders von Augen, schüchtern Räuber ein. Da giftige Tiere oft leuchtend bunt gefärbt sind und eine Warntracht tragen, hat das plötzli-

Einige Raupen überraschen Angreifer damit, daß sie ihren Vorderkörper plötzlich wie kleine Schlangen hochheben und ihn hin und her bewegen. Gleichzeitig kann das Vorderende eine schlangenähnliche Zeichnung mit Augen annehmen. Die Raupe dieser amerikanischen Schwalbenschwanzart (unten) hat hinter dem Kopf solche Augenflecken. Gleichzeitig stülpt sie eine rote Nackengabel aus. Sie mag an die gespaltene Zunge einer Schlange erinnern und verströmt überdies einen widerlich stechenden Geruch, der zusätzlich Feinde abschreckt.

che Vorzeigen bunter Farben große Bedeutung bei der Verteidigung, auch wenn das Beutetier selber nicht giftig ist. Es handelt sich dabei nicht nur um Mimikry, denn diese würde bedeuten, daß das Beutetier nur die gleichen auffälligen Muster trägt wie die ungenießbare Art. Es handelt sich hier vielmehr um eine Kombination von Mimikry und plötzlichem Vorzeigen. Die Blauzungenskinke beispielsweise fallen normalerweise nicht besonders auf. Nur bei Bedrohung zeigen sie ihre riesengroße pfeilspitzenähnliche Zunge. Deren hellblaue Farbe erschreckt den Angreifer und rettet der Echse vielleicht das Leben.

Viele Insekten befolgen eine ähnliche Strategie. Selbst gutgetarnten Stabheuschrecken kann es geschehen, daß trotz ihrer Tarntracht einmal ein hungriger Räuber nach ihnen schnappt. Dann öffnen sie ihre hellen bunten Flügel mit einer plötzlichen Bewegung. Meistens zieht sich der Räuber dann erschrocken zurück. Ein paar Nachtschmetterlinge setzen auch noch weitere Waffen ein. Eine westafrikanische Art öffnet nicht nur ihre Flügel und zeigt einen hellroten Hinterleib, sondern sie preßt aus dem Körper zusätzlich einen stinkenden gelben Schaum.

Die vielleicht wirkungsvollste Abschreckungstaktik besteht darin, den Eindruck zu erwecken, selbst ein lebensgefährlicher Gegner zu sein, mit dem nicht zu spaßen ist. Viele harmlose Tiere verwandeln sich mit plötzlichen Darbietungen in Abbilder gefährlicher Räuber, etwa eines Skorpions, einer Schlange oder eines Greifvogels. Das erreichen die Tiere auf ganz bemerkenswerte Weisen. Einige Raupen haben eine Zeichnung wie kleine Giftschlangen. Wenn man ihnen zu nahe kommt, heben sie den Vorderkörper hoch und bewegen ihre schlangenähnlichen Köpfe hin und her. Eine Gespenstheuschrecke biegt ihren Hinterleib nach oben und schlägt mit ihm wie ein wütender Skorpion zu. Nur ein außergewöhnlich hungriger oder mutiger Räuber riskiert hier einen Angriff. Die meisten gehen auf Nummer Sicher und verziehen sich.

Die bei weitem häufigste Form der Abschreckung ist das plötzliche Zurschaustellen eines großen Augenpaars. Man kann nicht immer genau sagen, welche Augen dabei nachgeahmt werden, doch in den meisten Fällen scheint es sich um eine Mimikry von Greifvogelaugen zu handeln. Wenn ein Räuber auch nur für den Bruchteil einer Sekunde glaubt, er stehe einer Eule oder einem Adler gegenüber, so zieht er sich

wohl schleunigst zurück und läßt dem harmlosen Bluffer mindestens so viel Zeit, daß er entkommen kann.

Dieses Herzeigen von Augen ist allerdings nicht auf harmlose Arten beschränkt. Auch eines der gefährlichsten Tiere der Welt, die Kobra, hat eine solche Zeichnung. Wenn sie sich zur Selbstverteidigung aufrichtet, spreizt sie gleichzeitig ihre Rippen auseinander. Dabei wird die Zeichnung eines Augenpaars deutlich. Einige Angreifer werden davon eingeschüchtert. Der Zweck dieser Zeichnung liegt wohl darin, daß die Kobra damit einen Feind verscheuchen kann, ohne auf ihr wertvolles Gift zurückgreifen zu müs-

Falsche Augen finden wir auch bei höheren Tierformen, darunter auch bei Reptilien und Vögeln. Augenflecken erscheinen zum Beispiel auf dem Rücken der Kobra oder Brillenschlange (rechts) und sogar am Nacken des afrikanischen Perlkauzes (oben).

sen. In Legenden und Mythen sind Giftschlangen stets darauf aus, andere Lebewesen zu töten. In Wirklichkeit wollen sie das um jeden Preis vermeiden, denn das Gift dient in erster Linie dazu, Beutetiere bewegungsunfähig zu machen. Zur Verteidigung setzt die Schlange das Gift nur im Notfall ein, da es für sie verschwendet ist. Selbst eine tödliche Kobra versucht vorerst zu bluffen.

Weniger bekannt als die Augenzeichnung der Brillenschlange ist ein ähnliches Verhalten bei gewissen Krötenarten. Auch Kröten sind giftig, und ähnlich wie die Kobra setzen sie ihr Gift nur ein, wenn ihnen keine andere Wahl mehr bleibt. Die Gründe dafür sehen allerdings anders aus: Ihre Giftdrüsen geben ihr Sekret erst dann ab, wenn die Kröte von einem Angreifer kräftig gebissen wurde. Das kann aber bereits zu spät sein: Vielleicht hat die Kröte bereits schwere Verletzungen erlitten. Es ist deswegen besser, den Feind früher abzuschrecken. Dazu bläht die Kröte ihren Körper auf und hebt das Hinterende gegen den Angreifer. Dabei werden auf der sonst getarnten Haut große Augenflecken sichtbar, die an das Gesicht eines Greifvogels erinnern.

Viele Tag- und Nachtfalter zeigen ähnliche Verhaltensweisen. Beim Nachtpfauenauge und verwandten Arten bleiben die Hinterflügel normalerweise unter den Vorderflügeln verborgen. Wenn aber die Tarnfarbe einmal nicht funktioniert und der Schmetterling angegriffen wird, zeigt er plötzlich die Hinterflügel mit ihren großen Augenflecken. Bei einem solch unerwarteten Anblick erschrecken sogar wir Menschen. Eine afrikanische Gottesanbeterin hat noch spektakulärere Augenflecken mit einem fast hypnotisch wirkenden Spiralmuster. Sie befinden sich auf den Vorderflügeln. Bei Gefahr werden sie plötzlich entfaltet und dem Angreifer gezeigt.

Die meisten Feinde dieser Insekten sind kleine Vögel. Wir wissen aus einer Reihe sorgfältiger Untersuchungen, daß sie sich tatsächlich von Augenflecken abschrecken lassen. Dazu verwendeten die Forscher einen Kasten mit einer Lampe im Innern. Auf dem oberen Deckel konnten sie eine Reihe von Mustern aufleuchten lassen. Den Vogel lockte man mit einem Mehlwurm auf dem Kastendeckel an. Wenn er ihn aufnehmen wollte, zeigten die Forscher plötzlich Augenflecken und andere Muster. Mit Kreuzen, Punkten und Kreisen fanden sie heraus, welche Muster den

Diese unauffällige Heuschreckenart (links) erinnert im Ruhezustand an ein trockenes Blatt. Bei Gefahr jedoch zeigt sie im letzten Augenblick eine überraschende Schrecktracht mit Augenflecken.

Viele Schmetterlinge haben an den Hinterflügeln auffällige Augenflecken wie dieses amerikanische Nachtpfauenauge (unten). Sie bleiben jedoch unter den gut getarnten Vorderflügeln verborgen. Nur im Fall einer Gefahr zeigt das Tier plötzlich seine bunten Augenflecken. Der Angreifer hat unvermittelt das Gefühl, er habe ein viel größeres Tier vor sich und sei selber bedroht. Anhand von Untersuchungen hat man tatsächlich nachweisen können, daß solche Augenflecken kleine Vögel abschrecken.

Vogel am wirksamsten abschreckten. Ohne Zweifel funktionierten die Augenflecken am besten. Je realistischer sie ausfielen, um so stärker war auch ihre Wirkung. Am günstigsten erwies sich eine Schattierung, welche das Auge dreidimensional erscheinen ließ. Das erklärt, warum so viele Augenflecken auf den Körpern potentieller Beutetiere einen derart komplexen Aufbau zeigen, zum Beispiel mit Glanzlichtern. Diese komplizierten Muster entstanden durch natürliche Auslese: Das bessere Muster erhöhte einfach die Überlebenschancen.

Totstellreflex

Wenn sich jemand totstellt, bezeichnet das der Amerikaner als »playing possum«, »Opossum spielen«. Diese Verhaltensweise ist aber nicht auf das Opossum beschränkt. Totstellreflexe finden wir auch bei vielen Insekten, Fröschen, Schlangen, Vögeln, Hörnchen und Füchsen. Dabei bricht das angegriffene Tier plötzlich zusammen und bleibt regungslos liegen. Es läßt sich beschnüffeln und stoßen, ohne mit einem Muskel zu zucken. Läßt der Angreifer von ihm ab, so wird es plötzlich wieder lebendig und flieht. Sich totzustellen ist eine risikoreiche Form der Selbstverteidigung, denn das Tier liefert sich völlig den Krallen und Kiefern des Angreifers aus. Bisweilen funktioniert das Verhalten aber und ermöglicht die Flucht.

Der Totstellreflex, wissenschaftlich auch Thanatose genannt, ist bei Käfern, Wanzen, Heuschrecken, Stabheuschrecken und Gottesanbeterinnen weit verbreitet. Auch gewisse Spinnenarten verwenden ihn als letztes Mittel. Riesenhafte Wasserwanzen werden ganz steif, wenn man sie aus dem Wasser nimmt, und verharren bis zu fünfzehn Minuten lang in ihrer starren Haltung. Viele Kleinkäfer ziehen die Beine eng an den Körper und verhalten sich regungslos. Die größeren Bockkäfer befolgen eine etwas andere Taktik. Nähert sich ihnen ein Feind, so bleiben

Chamäleons stellen sich bei Bedrohung gerne tot. Sie liegen bewegungslos auf einer Seite, die Beine steif von sich gestreckt und die Augen halb geschlossen.

Einige Schlangen legen sich beim Totstellen auf den Rücken und verharren regungslos in dieser Lage, doch wenn man sie wieder in die richtige Lage dreht, verderben sie alles, indem sie sich wieder umdrehen und erneut totstellen. Die Kiefer sind dabei weit geöffnet, und die Zunge hängt heraus. Erst wenn die Gefahr völlig vorüber ist, nehmen die Schlangen allmählich wieder ihre Haltung ein, wobei sie mit dem Kopfende beginnen. Solche Verhaltensweisen zeigen zum Beispiel unsere einheimische Ringelnatter (oben) und die amerikanische Hakennatter (links).

sie bewegungslos und lassen sich auch anfassen. Sie befinden sich sozusagen in einem katatonischen Zustand. Doch dieser Eindruck trügt, denn plötzlich beißen die Käfer die Hand oder die Pfote, die sie hält. Ihr Verhaltensmuster hat mehrere Vorteile. Erst versuchen sie eine Entdeckung zu verhindern, indem sie regungslos verharren. Werden sie gepackt, so verhindern sie, daß der Räuber sie sofort tötet, weil sie sich wehren. Dann jedoch versetzen sie ihren Gegner in Panik, weil sie plötzlich schmerzhaft zubeißen. Dann haben sie noch einmal eine Chance zu entkommen.

Auch Frösche und Kröten stellen sich gelegentlich tot. Doch scheint dieses Verhalten keine weite Verbreitung unter den Amphibien gefunden zu haben. Einige Formen reagieren auf einen Angriff, indem sie die Beine nahe an den Körper heranziehen, die Augen schließen und ganz ruhig daliegen. Wird ein Frosch beim Klettern von einem Räuber überrascht, so läßt er sich auf den Boden fallen und bleibt hier mehrere Minuten lang regungslos liegen, bevor er die Flucht ergreift. Große Ochsenfrösche zeigen eine besondere Reaktion. Wenn man sie ärgert, strecken sie ihre Gliedmaßen der Länge nach aus, flachen ihren Rumpf ab und behalten diese Stellung so lange bei, bis die Gefahr vorüber ist. Diese tonische Unbeweglichkeit bewahren sie sogar, wenn man sie auf dem Rücken legt. Manche »Zauberkünstler« machen sich dies zunutze und behaupten, sie könnten Frösche hypnotisieren.

Die wirklichkeitsnächsten Totstellreflexe unter allen Tieren zeigen die Schlangen. Viele geben dabei eine so erstaunliche Vorstellung, daß jeder Angreifer überzeugt ist, sie seien wirklich tot. Unter den Schlangen sind ohne Zweifel die Antillen-Boas Weltmeister. Wenn sie sich bedroht fühlen, wickeln sie ihren Körper eng auf und scheiden aus besonderen Drüsen eine faulig riechende Flüssigkeit aus. Sie vermitteln damit den Eindruck, die Verwesung sei bereits weit fortgeschritten. Danach tritt Blut in ihre Augen, so daß sie eine trübrote Färbung erhalten. Der Höhepunkt ihrer Vorstellung wird jedoch erreicht, wenn winzige

Das amerikanische Opossum ist im angelsächsischen Sprachgebrauch sprichwörtlich geworden für den Totstellreflex. Es liegt dabei völlig bewegungslos auf dem Boden und zeigt selbst bei schmerzhaften Bissen keinerlei Reaktion.

Haargefäße im Mund aufgehen, so daß Blut aus dem scheinbar leblosen Mund tropft. Dieses Verhalten stellt eine bemerkenswerte Verfeinerung des Totstellreflexes dar. Es zeigt, daß Räuber winzige Einzelheiten im Aussehen und Verhalten der Beutetiere beachten.

Die meisten Schlangen gehen nicht so weit. Kleine Baumschlangen lassen sich einfach zu Boden fallen und rühren sich nicht mehr. Unsere Ringelnatter und die amerikanische Hakennatter zeigen einen ziemlich ausgeklügelten Totstellreflex, der aber einige möglicherweise fatale Schwächen aufweist. Die Tiere beginnen mit ihrer Vorstellung sehr gut, indem sie sich auf den Rücken drehen, den Mund sperrangelweit aufmachen und die Zunge wie leblos heraushängen lassen. Den beeindruckenden Realismus dieser Vorstellung ruinieren die Schlangen jedoch völlig, wenn man sie auf den Bauch dreht. Sie drehen sich nämlich sofort wieder um und stellen sich gleich wieder auf die beschriebene Weise tot. Die Schlange wiederholt dies immer wieder und macht dabei eigentlich alles zunichte. Erst wenn sie völlig davon überzeugt ist, daß keine Gefahr mehr besteht, beginnt sie langsam wieder zum aktiven Leben zu erwachen. Zuerst zieht sie die Zunge ein und schließt ihre Kiefer. Dann dreht die Schlange erst einmal ihr Kopfende in die richtige Lage. Sie schaut sich um und prüft, ob die Luft rein ist. Dann beginnt sie ganz langsam davonzuschleichen. Wird sie beim Rückzug noch einmal überrascht, stellt sie sich sofort tot.

Vögel verwenden kaum den Totstellreflex. Nur gelegentlich kann man beobachten, wie ein kleiner Vogel, den man in der Hand hält, zusammenzubrechen scheint und reglos liegenbliebt. Wenn man ihn dann genau untersucht, sieht es so aus, als wäre er an Schock gestorben. Ein paar Augenblicke später erwacht er auf wunderbare Weise wieder zum Leben und fliegt weg. Dieser Trick könnte dem Vogel das Leben retten, wenn eine Katze ihn gefangen und für einen Augenblick auf dem Boden abgelegt hat, bevor sie ihn zu rupfen beginnt. Katzen legen oft eine Pause zwischen dem Fang der Beute und dem Verzehr ein. Sie lassen dann das scheinbar tote Beutetier einen Augenblick los. Es könnte sein, daß der Totstellreflex der Vögel auf diesen entscheidenden Augenblick abgestimmt ist. Kämpft der Vogel nämlich weiter, schlägt die Katze ihre Krallen nach ihn und beißt wiederholt zu. Hält er jedoch still, macht die Katze vielleicht den Fehler, ihn aus den Kiefern freizugeben und für einen Augenblick auf den Boden zu legen.

Unter den Säugetieren stellen sich Beobachtungen zufolge südamerikanische Füchse und gewisse Hörnchen tot. Ein kleines afrikanisches Erdhörnchen zum Beispiel lieferte eine überzeugende Vorstellung, als es von einer Zoologin untersucht wurde. Das junge Tier wurde gefangen und in einen Käfig gesteckt. Als es nach dem Transport von einer Zoologin herausgenommen wurde, weil sie es untersuchen wollte, kippte es um und lag dann mit dem Bauch nach oben bewegungslos in ihrer Hand. Eine Atmung war nicht zu erkennen, die Augen blieben geschlossen, der Mund war offen und die Pfoten waren ganz steif. Die Zoologin war betrübt, weil sie glaubte, das kleine Tier habe unter dem Transport im Käfig gelitten und sie sei verantwortlich für dessen Tod. Sie versuchte ihm etwas warme Milch einzuflößen, doch das Erdhörnchen reagierte nicht durch Schluckbewegungen. Die Zoologin legte den Kadaver auf den Boden, resignierte und blickte traurig auf das Tier. Ungefähr zwei Minuten nach dem »Tod« atmete das Tierchen ein paarmal tief durch und begann sich zu bewegen. Später wurde es dermaßen zahm, daß man es nicht mehr dazu bringen konnte, sich totzustellen, selbst wenn die Zoologin es wie ein Räuber packte. Es fühlte sich nun zu sehr vertraut mit seiner Pflegerin, als daß sie diesen Reflex noch hätte auslösen können.

Im englischen Sprachgebrauch ist das amerikanische Opossum oder die Beutelratte wohl am berühmtesten für seinen Totstellreflex. Das Verhalten dieser Art wurde auch genau untersucht, und man kam dabei zu einigen überraschenden Ergebnissen. Bei einem Angriff reagiert das Opossum zunächst durch Zurückschlagen. Es hat viele kleine, doch sehr scharfe Zähne und kann sehr schmerzhaft zubeißen. Es zischt wie eine Schlange, knurrt wie ein Raubtier und schnappt nach seinem Gegner. Führt das nicht zum Erfolg, so stellt sich das Opossum tot. Es fällt schlaff und leblos, den Rücken etwas gekrümmt, auf eine Körperseite. Aus seinem offenen Mund hängt die Zunge heraus, und die Augen sind halb geschlossen.

In dieser pathetischen Haltung ist das Opossum völlig unempfindlich gegenüber allen Schmerzen. Selbst wenn es gebissen wird, bleibt

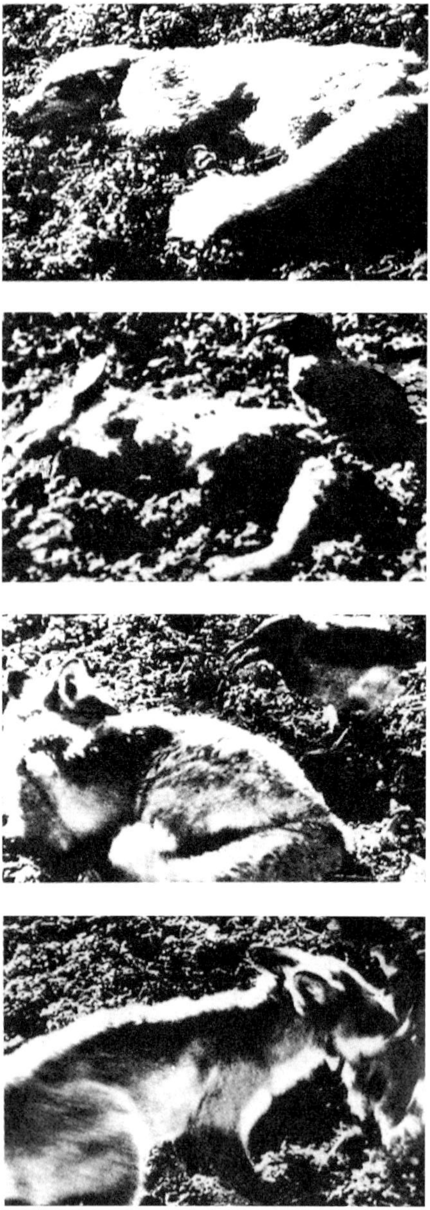

es regungslos auf dem Boden liegen. Welcher Mechanismus des Nervensystems macht dies möglich? Eine populäre Theorie behauptet, das Totstellen sei eine Art Selbsthypnose. Es wurde auch behauptet, das Opossum habe durch den Angriff einen derart tiefen Schock erlitten, daß es sich in einem unbewußten kataleptischen Zustand befinde. Andere verglichen den Zustand mit einer tiefen Ohnmacht, bei der alle Funktionen ausgeschaltet seien. Sorgfältige Untersuchungen in den sechziger Jahren zeigten jedoch, daß keine dieser Erklärungen zutrifft. Mit einem Elektroenzephalogramm maß man damals die Aktivität des Gehirns wacher, schlafender und sich totstellender Opossums. Überraschenderweise ist die Gehirnaktivität beim Totstellen dieselbe wie beim Wachzustand. Die Forscher konten nicht eine einzige abweichende Welle ausmachen. Daraus kann man schließen, daß die

Beutelratte nicht völlig gelähmt ist oder ihr Bewußtsein verloren hat. Vielmehr ist sich das Tier offensichtlich im klaren darüber, was mit ihm geschieht, wenn es sich totstellt. Merkwürdigerweise funktionieren aber die üblichen Reaktionen auf Schmerz nicht. Unlösbar ist bisher die Frage, ob das Opossum Schmerz empfindet, wenn es gebissen wird, darauf aber nicht reagieren kann, oder ob es nichts spürt, obwohl es weiß, daß es gebissen wird. Wie die Antwort darauf auch ausfallen mag, wir haben es hier mit einer außergewöhnlich merkwürdigen Reaktion zu tun, die weiter zu erforschen sich lohnen würde.

Einige Forscher vertreten die Ansicht, sich unter natürlichen Bedingungen totzustellen sei von vergleichbar geringem Nutzen und mit viel zu großem Risiko behaftet, als daß diese Strategie von Bedeutung sein könnte. Sie meinen, daß sich ein Räuber viel eher über ein ruhiges Mahl freue als über ein heftig erkämpftes. Wenn sich das Beutetier als

Die Legende vom Fuchs, der Vögel fängt, indem er sich totstellt, wurde schon vor Jahrhunderten bildlich dargestellt, zum Beispiel im Queen-Mary-Psalter aus dem 14. Jahrhundert (unten). Später hielt man das Ganze für ein Märchen. 1961 gelang es jedoch einem russischen Filmer, diese Verhaltensweise eines Fuchses aufzunehmen (gegenüberliegende Seite).

regungsloses Stück Fleisch darbietet, so sei der Vorteil dieser Verhaltensweise nicht einsichtig. Diese Einwände sind sicherlich falsch, denn sonst hätte sich der Totstellreflex niemals entwickelt. Obwohl das Verhalten, oberflächlich betrachtet, zunächst ziemlich töricht wirkt, muß es doch einige Vorteile haben, und das häufig genug, daß es eine Rolle bei der natürlichen Auslese spielen konnte.

Die Antwort liegt wohl darin, daß gewisse Räuber bei der Jagd darauf angewiesen sind, daß sich die Beute bewegt. Räuber, die niemals an Aas gehen und stets nur frisch getötete Beute verzehren, verlieren ihren Appetit völlig angesichts eines regungslosen Kadavers. Für solche Räuber muß das Beutetier Widerstand leisten, nicht weil sie sadistisch sind, sondern weil sie nur auf diese Weise sichergehen können, daß sie frisches, gesundes Fleisch fressen. Ein scheinbar totes Tier zieht sie nicht an. Sie halten einen Augenblick inne, und das mag dem Beutetier ein Entkommen ermöglichen.

Es gibt noch eine weitere Funktion des Totstellreflexes. Sie ist schon seit Jahrhunderten bekannt, doch glaubte man bis vor kurzem, es handele sich dabei um ein erfundenes Märchen. Bereits in den frühen Tierbüchern des 12. Jahrhunderts tauchen immer wieder Illustrationen eines schlauen Fuchses auf, der sich totstellt und von Vögeln umgeben ist. Er liegt mit dem Bauch nach oben da, die Augen geschlossen, der Mund offen, und die Zunge hängt heraus. Die Vögel sind hungrig und machen sich über den vermeintlichen Kadaver her. Im letzten Augenblick springt der Fuchs auf, fängt einen Vogel und frißt ihn. Niemand nahm diese Tierfabel ernst, bis es 1961 einem russischen Filmer gelang, das Geschehen aufzuzeichnen: Ein Fuchs liegt regungslos auf dem Rücken. Eine Aaskrähe nähert sich ihm und schickt sich an, Fleischstücke herauszupicken. Plötzlich springt der Fuchs auf, fängt die Krähe und frißt sie. Bisweilen ist die Natur genauso merkwürdig wie alte Volkslegenden.

Selbstverstümmelung

Wer bei einem Unfall ein Fingerglied verloren hat, wird sich schmerzhaft dessen bewußt, daß der Mensch nicht in der Lage ist, verlorene Körperteile nachwachsen zu lassen. Was das angeht, sind uns die sogenannten niedrigen Tierformen weit voraus. Bei uns wächst nur beschädigte Haut nach; so heilt zum Beispiel eine offene Wunde zu. Auch die Säugetiere und Vögel teilen in dieser Beziehung unser Schicksal. Die höchstentwickelten Tiere, die noch regelmäßig verlorene Körperteile regenerieren können, finden wir unter den Reptilien und besonders unter den Echsen. In Gefahrensituationen werfen sie ihren Schwanz ab, um ihren Kopf zu retten. Der Wissenschaftler nennt diese Erscheinung Autotomie.

Zur Autotomie oder Selbstverstümmelung kommt es, wenn eine Echse einem hungrigen Räuber nicht mehr entkommen kann. In den meisten Fällen fängt dieser dann mit Krallen oder Zähnen ihren Schwanz. In dem Augenblick bricht der Schwanz der Echse ab. Das beschädigte Tier entkommt, während der Räuber, von dem plötzlichen Ge-

Viele Echsen, darunter die einheimische Smaragdeidechse (oben) und der Blauschwanz-Schlankskink (unten) werfen bei Bedrohung ihre Schwänze ab. Diese bewegen sich weiter und ziehen die Aufmerksamkeit des Räubers auf sich, während das eigentliche Beutetier entkommen kann. Der verstümmelten Echse wächst dann ein neuer Schwanz nach, wenn auch in stark vereinfachter Form.

schehen überrascht, sich auf den körperlosen Schwanz konzentriert. Dieser bewegt und windet sich im Mund des Räubers oder in dessen Krallen, und der Angreifer ist so sehr damit beschäftigt, daß er kaum wahrnimmt, wie die eigentliche Beute entkommt.

Die Muskeln und Nerven des abgetrennten Schwanzstücks sorgen noch einige Minuten lang für kräftige, sich windende Bewegungen. Dieses Spektakel fasziniert den Räuber dermaßen, so daß er den Schwanz am Ende verschlingt, obwohl dieser kaum Nährwert hat. Wir wissen, daß dieser Trick sehr gut funktioniert, denn Echsenschwänze hat man in den Mägen zahlreicher Räuber gefunden, auch von Vögeln und Schlangen.

Die ersten Forscher, welche die Autotomie beobachteten, glaubten, die Räuber würden den Schwanz mit brutaler Gewalt abreißen. Bei genaueren Untersuchungen entdeckte man jedoch, daß viele Echsen, unter ihnen besonders Geckos, besondere Sollbruchstellen in den Schwänzen entwickelt haben. Hier erfolgt eine Abtrennung sehr leicht, so daß die Autotomie kein allzu großes Opfer verlangt. Bei manchen Echsen reicht die leichteste Berührung des Schwanzes aus, um automatische Muskelkontraktionen hervorzurufen, die zum Abwerfen des Schwanzes führen. Einige Arten können den Schwanz sogar abwerfen, ohne daß er berührt wird. Wird ein solches Tier am Rumpf gepackt, opfert es sofort seinen Schwanz.

Es liegt vielleicht auf der Hand, daß sich Sollbruchstellen zwischen den Wirbeln der Eidechsen entwickeln. Merkwürdigerweise ist dies aber nicht der Fall. Der Bruch verläuft vielmehr mitten durch einen Wirbel und nicht in den Zwischenräumen. Vom sechsten Schwanzwirbel an weist jeder Wirbel eine Sollbruchstelle auf: Anstelle von Knochengewebe befindet sich dort eine dünne Knorpelschicht. An diesen Stellen sind auch die Blutgefäße und die Nerven eingeschnürt, und auch das Bindegewebe ist schwächer ausgebildet. Wenn sich also die Ringmuskeln des Schwanzes plötzlich sehr stark zusammenziehen, so fällt das betreffende Schwanzstück leicht ab. Durch die Einschnürungen an den Blutgefäßen – ähnlich dem Hals an einer Sanduhr – geht praktisch kein Blut verloren. Der Schwanzstumpf trocknet und verhärtet sich schnell.

Wirbellose Tiere können verlorengegangene Körperteile besser regenerieren als Wirbeltiere. Im Bedarfsfall wachsen einem Seestern alle Arme nach.

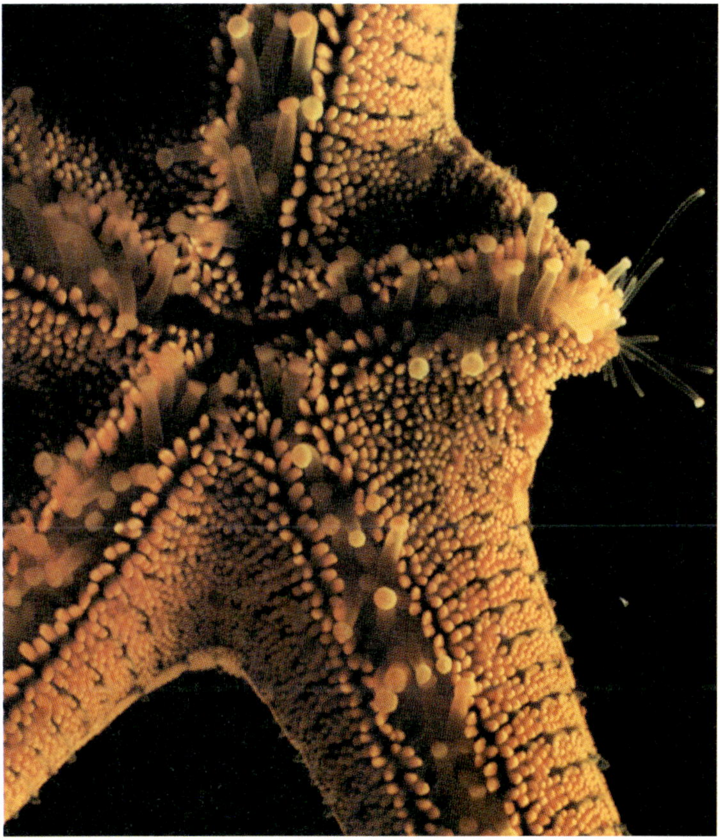

Eine Echse ohne Schwanz ist erheblich behindert und benachteiligt. Sie braucht den Schwanz zum Laufen, Schwimmen, Balancieren und Klettern, ganz zu schweigen von der Balz und der Paarung. Echsen, die ihre Schwänze durch Autotomie verloren haben, leben nicht so lange wie unversehrte Individuen und pflanzen sich auch nicht so leicht fort. Sie überleben aber immerhin und nach einer gewissen Zeit wächst ihnen der Schwanz nach. Das geschieht allerdings langsam und nur unvollständig, doch gewinnt der Schwanz dabei die meisten seiner ursprünglichen Funktionen zurück. Der nachgewachsene Schwanz kann allerdings nicht mehr abgeworfen werden. Er entwickelt nämlich keine normalen Wirbel, sondern enthält nur einen zentralen Knorpelstab. Sollbruchstellen sind darin nicht mehr vorgesehen.

Für die Ausbildung des neuen Schwanzes ist das Alter der Echse wichtig. Bei einer jungen Echse wird der zweite Schwanz fast so lang wie das Original. Bei älteren Individuen wächst nur noch ein Schwanzstummel nach, und bisweilen schlägt die Regeneration völlig falsche Wege ein. Dann wachsen dem unglücklichen Tier auf einen Schlag zwei oder gar drei neue Schwänze nach. Solche Tiere sind natürlich ziemlich behindert und kommen in ihrer Umwelt nicht so gut zurecht wie normale.

Unter den sechzehn Echsenfamilien, die es heute noch gibt, sind elf Arten, die ihre Schwänze abwerfen können. Auch Krokodile sind zu einer gewissen Regeneration einer verlorenen Schwanzspitze fähig, doch erfolgt diese längst nicht so gut wie bei den Eidechsen. Auch einige Schlangen verlieren ihre Schwanzspitzen verhältnismäßig leicht. Zu einer Regeneration sind sie allerdings nicht fähig.

Gewisse Skink- und Geckoarten opfern einen anderen Teil des Körpers, wenn sie von einem Räuber gepackt werden. Ihre Haut ist nur sehr locker mit dem darunterliegenden Gewebe verbunden. Durch plötzliches hartes Zupacken kann sie abreißen. Der Räuber hat nur die augenblicklich abgeworfene Haut im Mund. Die nun fast nackte Echse zieht sich in ein sicheres Versteck zurück und regeneriert die neue Außenhaut. Dieser Verteidigungsmechanismus ist sehr wirksam. Es handelt sich hierbei aber nur um eine leichte Modifikation der normalen Häutung; in der Evolution war dazu nur ein kleiner Schritt notwendig, besonders im Vergleich zur Autotomie des Schwanzes und den Sollbruchstellen.

Unter den übrigen Wirbeltieren gibt es nur noch ein weiteres Beispiel für Selbstverstümmelung. Es handelt sich um gewisse Amphibien, besonders Molche und Salamander. Einige heben, wenn sie angegriffen sind, ihren Schwanz in die Höhe und bewegen in hin und her, während sie den übrigen Körper völlig stillhalten. So zieht der Schwanz die Aufmerksamkeit des Räubers auf sich. Wird er gebissen, so bricht er an einer leicht eingeschnürten Stelle an der Basis ab. Diese Bruchstelle sieht aber ganz anders aus als bei den Echsen. Sie liegt nämlich zwischen zwei Wirbeln und nicht in der Mitte eines Wirbels. Auch der Molchschwanz bewegt sich nach dem Abtrennen noch heftig hin und her. Dazu kommt aber noch, daß die Haut oft Giftdrüsen enthält, deren Inhalt der Angreifer ekelerregend findet.

Einige Krabben werfen Gliedmaßen ab, wenn sie ein Räuber gepackt hält. Diese Strandkrabbe (oben) regeneriert gerade ihre rechte Seite, die sie abgeworfen hat.

Manche Meeresnacktschnecken (rechts) weisen auffällige, bunt gefärbte Auswüchse an der Körperoberseite auf. Wenn sich ein Räuber dem Tier nähert, vergrößert es diese Papillen, so daß sie sich im Wasser einladend hin und her bewegen. Räuberische Fische, die eine solche Papille abbeißen, erleben jedoch eine herbe Enttäuschung: Sie enthält Giftdrüsen und oft auch Nesselzellen, die von Seeanemonen übernommen wurden. Die Meeresnacktschnecke regeneriert verlorengegangene Ausstülpungen mit Leichtigkeit.

Damit ist er weit weniger geneigt, ein zweites Mal ein solches Beutetier anzugreifen.

Der taktische Verlust eines Körperteils und dessen nachfolgende Regeneration ist bei den Wirbellosen sehr viel häufiger. Man beobachtet diese Erscheinung zum Beispiel bei Würmern, Seesternen, Krabben und Weichtieren. Je niedriger die Entwicklungsstufe des Tiers, um so größer ist im allgemeinen auch die Regenerationsfähigkeit.

See- und Schlangensterne werfen bei einem Angriff bereitwillig ein oder zwei Arme ab. Dafür wachsen ihnen schnell neue nach. Krabben opfern ein Bein, wenn ein Räuber sie daran festhält, und ziehen sich in eine schützende Spalte zurück. Wenn man sie wieder herauszieht, werfen sie auch noch ein zweites, dann ein drittes Bein ab. Man muß aber immer härter zupacken, um sie zu weiteren Opfern zu bewegen. Wenn sie buchstäblich auf ihren letzten Beinen steht, werfen sie keines mehr ab, wie hart man auch zupacken mag. Dieses Verhalten ist durchaus sinnvoll. Wenn einer Krabbe ein paar Beine fehlen, hat sie immer noch genug, um sich in Sicherheit zu bringen. Eine völlig beinlose Krabbe hingegen ist schon so gut wie tot.

Bei einigen Krabben gibt es eine aggressive Form der Autotomie. Anstatt einen Angriff des Räubers abzuwarten, ergreifen sie die Initiative. Sie kneifen mit ihren mächtigen Scheren das Fleisch des Angreifers und werfen gleichzeitig das Körperglied ab. Das hat man zum Beispiel bei Ottern beobachtet, die auf Krabbenjagd gehen. Der unglückliche Säuger wird dann heftig von einer abgeworfenen Schere gekniffen, während sein Beutetier entkommt. Dem Otter bleibt nichts anderes übrig, als sich zurückzuziehen und zu versuchen, die Krabbenschere loszuwerden. Wenn ihm das gelungen ist, ist die Krabbe natürlich längst weg. Nach der nächsten Häutung ist die verlorene Schere wieder nachgewachsen, allerdings ist sie längst nicht so eindrucksvoll wie die ursprüngliche.

Bienen lassen ihre Stachel im Fleisch ihrer Feinde zurück, wie wohl jeder weiß. Auch hier handelt es sich um eine Selbstverstümmelung. Leider ist damit auch das Leben der Biene zu Ende. Der Überlebenswert des Stechverhaltens bezieht sich hier nicht auf das Individuum, sondern auf den gesamten Bienenstaat.

Das vielleicht bemerkenswerteste Beispiel einer Selbstverstümmelung, die dem Angreifer auch Schmerzen bereitet, finden wir unter meeresbewohnenden Schnecken. Diese prächtig gefärbten schalenlosen Tiere zeigen an der Körperoberfläche Gruppen fingerähnlicher Vorstülpungen oder Blasen. Wenn sich ihnen ein Raubfisch nähert, ziehen die Nacktschnecken ihren Körper zusammen und dehnen dabei ihre Ausstülpungen oder Papillen aus, die nun frei im Wasser schweben. Der Fisch schnappt nach diesem einladenden Leckerbissen und findet es ziemlich einfach, Stücke davon abzubeißen. Daß er einen Fehler begangen hat, bemerkt er einen Sekundenbruchteil später, denn diese merkwürdigen Organe enthalten Giftdrüsen und bisweilen auch zusätzliche Nesselzellen. Diese stammen ursprünglich von Seeanemonen, von denen sich die Meeresnacktschnecken ernähren. Die Fische lernen es schnell, diesen auffälligen kleinen Weichtieren aus dem Wege zu gehen. Damit gehen auch nicht allzuviele Papillen verloren. Doch selbst wenn welche abgerissen werden, ist das für die Schnecke nicht sehr tragisch. Sie regeneriert sie einfach für den nächsten ahnungslosen Fisch, der angreifen will.

Ablenkungsmanöver

Seit Jahrhunderten sind Tierbeobachter davon fasziniert, wie weit Elterntiere gehen, um ihre Jungen zu schützen. Bereits im vierten Jahrhundert berichtete einer der Gründungsväter der griechisch-orthodoxen Kirche, der heilige Basilius, mit Bewunderung und Erstaunen, daß ein Elternvogel sein Leben für seine Jungen einsetze, indem er einen Räuber vom Nest weglocke. Er tue dies, so schrieb er, indem er vorgebe, verletzt zu sein; er gehe auf dem Boden, als ob er einen gebrochenen Flügel habe. Auf diese Weise wecke das Tier im Räuber die Hoffnung, einen leichten Fang zu tun, und dem könne er nicht widerstehen. Anstatt nun also schnurstracks zum Nest zu gehen und die wirklich wehrlosen Nestlinge zu fressen, folge der Räuber dem scheinbar hilflosen erwachsenen Vogel. Doch im letzten Augenblick gebe das Tier sein Verwirrspiel auf und fliege davon. Der heilige Basilius war von diesem selbstlosen Verhalten so entzückt, daß er seinen Kommentar mit den Worten schloß: »Wenn sichtbare Dinge so wunderbar sind, wie werden wohl die unsichtbaren sein?«

Sicher haben heutige Richter nicht dieses Verhalten vor Augen, wenn sie über junge Gewaltverbrecher sagen, sie hätten sich »wie Tiere« benommen. Mit romantischen Augen gesehen, bedeutet das geschilderte Verhalten den höchsten Edelmut in der Natur, doch wie stehen die Dinge wirklich? Bringen sich die Elternvögel tatsächlich für ihre Jungen in Gefahr, schlagen sie ihr eigenes Leben in die Bresche, damit die Jungtiere überleben? Selbst eine kurze objektive Analyse muß uns zeigen, daß dies nicht der Fall sein kann. Würde der erwachsene Vogel nämlich vom Räuber angegriffen und getötet, so würden auch die Nestlinge unweigerlich ohne Brutpflege zugrunde gehen. Damit der Trick also funktioniert, darf das Elterntier kein Risiko eingehen. Das Ganze sieht nur risikoreich aus. Dennoch sind diese Verhaltensweisen, die wir insgesamt als Ablenkungsmanöver bezeichnen, sehr bemerkenswert und erfordern einige Erklärungen.

Ablenkungsmanöver (in der Verhaltensforschung auch als »Verleiten« bezeichnet) kommen bei vielen Vögeln vor, am häufigsten jedoch bei Bodenbrütern. Dafür gibt es auch einen besonderen Grund. Baumbrüter können ihr Nest vor einem herannahenden Räuber kaum verbergen. Wenn er das Nest ausgemacht hat, weiß er, wo es liegt, selbst wenn er für einen Augenblick vom Elternvogel abgelenkt wird. Die beste Verteidigung für Baumnester ist ihre Unzugänglichkeit. Wenn diese nicht gegeben ist, besteht die sinnvollste Strategie darin, daß der Elternvogel den heraufkletternden Räuber angreift. Das geschieht im Sturzflug, und die Schnabelhiebe reichen vielleicht aus, um den Anstieg empfindlich zu stören. Es gibt auch eine ganz andere Lösung: Der Elternvogel flieht und bleibt am Leben, um weitere Brut anderswo aufzuziehen.

Sonst bleibt Baumbrütern kaum etwas anderes übrig, als aufgeregt im Baum hin und her zu fliegen und einen Heidenlärm zu veranstalten, um vielleicht die Konzentration des Angreifers zu stören. Das ist aber nur eine sehr einfache Form der Ablenkung, die sich auch nicht mehr viel weiterentwickeln läßt. Der kletternde Räuber kann nämlich nicht plötzlich Jagd machen auf den aufgeregten Elternvogel, wie verlockend dies auch erscheinen mag. Hoch oben in den Zweigen macht das keinen Sinn.

Auf dem Boden sehen die Dinge anders aus. Zunächst sind das Nest, die Eier, die Nestlinge und die Elternvögel sehr gut getarnt. Bodennester fügen sich so gut in die Umgebung ein, daß ein Räuber sie leicht übersehen kann, selbst wenn er nur einen Meter davon entfernt ist. Es zahlt sich also zunächst aus stillzusitzen in der Hoffnung, der Räuber ziehe vorbei. Wenn dies nicht funktioniert, sind die Eier oder die Jungtiere ernstlich in Gefahr.

Viele bodenbrütende Vögel kennen die Verhaltensweise des »Verleitens«. Wenn sich ein Feind nähert, locken sie ihn vom Nest mit den Eiern oder Jungvögeln weg, indem sie eine Verletzung vortäuschen: Im Bild ganz oben ein Triel, darunter ein Keilschwanzregenpfeifer, auf der gegenüberliegenden Seite oben und unten ein Regenpfeifer. Die Vögel kippen auf eine Seite, haben scheinbar einen gebrochenen Flügel, den sie auf dem Boden nachziehen. Dabei entfernt sich der Elternvogel immer weiter vom Nest und lockt den Räuber weg. Kommt ihm dieser zu nahe, dann fliegt der Vogel auf und kehrt zum Nest zurück.

Wenn der Räuber kurz vor dem Nest steht, fliegt der Elternvogel auf. In diesem Augenblick ist das Nest äußerst gefährdet, denn die Position ist nun dem Räuber bekannt. Nun muß eine stärkere Ablenkung erfolgen. Ein Angriff auf einen Räuber, der sich auf sicherem Boden befindet, ist viel riskanter als auf einen, der den Baumwipfel erklettert. Sturzflug und Schnabelhiebe würden kaum etwas nützen, außer bei großen kräftigen Vögeln. Deswegen muß ein anderes Verhalten die Aufmerksamkeit des Räubers auf sich ziehen, ein Ablenkungsmanöver. Auf dem Boden kann der Nestbesitzer den Räuber durch auffälliges Verhalten vom Nest weglocken. Die Kombination von unscheinbarem Nest, auffälligem Verhalten und leichtem Terrain ist die ideale Voraussetzung für dieses Verhaltensmuster.

Das Verhalten muß dabei mehr als nur auffällig sein. Es muß wie eine gedeckte Tafel auf einen halb Verhungerten wirken. Und nichts macht einen erfahrenen Jäger mehr an als ein verwundetes oder sonstwie behindertes Tier. Wenn es dem Vogel gelingt, so zu wirken, als sei er ernsthaft krank, kann der Räuber der Versuchung nicht widerstehen.

Er läßt sich dann von seiner Konzentration auf das Vogelnest ablenken. Je weiter der Räuber davon weggelockt wird, um so schwerer wird es ihm fallen, dessen Lage später wiederzufinden. Und sehr wahrscheinlich wird er abziehen, wenn er keine Beute gemacht hat.

Ein erfolgreiches Ablenkungsmanöver erfordert deswegen fünf Stadien. Zunächst muß der Vogel bis zum letzten Augenblick bewegungslos auf seinem Nest sitzen bleiben. Dann muß er schnell vom Nest wegfliegen und in einiger Entfernung davon landen. Der dritte Schritt ist die überdeutliche Vortäuschung einer Verletzung, bis der Vogel die Aufmerksamkeit des Räubers auf sich gelenkt hat. Dann muß er in seinem Verhalten fortfahren und gleichzeitig den Räuber immer weiter vom Nest weglocken. Schließlich muß der Vogel genau abschätzen können, wann der Augenblick gekommen ist, um plötzlich zu »gesunden« und wegzufliegen.

Das bemerkenswerteste Stadium dabei ist das dritte, in dem das Tier als überaus verlockende Beute erscheint. Es gibt zwei unterschiedliche Formen dieses Verhaltens: Wir bezeichnen sie als »Flügellahmstellen« und »Mausrennen«. Wenn der Vogel einen gebrochenen Flügel simuliert, können durch den Realismus der Darstellung sogar menschliche Beobachter getäuscht werden – wenigstens beim ersten Mal. Der Elternvogel fliegt vom Nest weg, flattert dann auf den Boden und versucht auf pathetische Weise wegzulaufen. Dabei zieht er einen ausgestreckten Flügel über den Boden. Bisweilen bricht er zusammen, als ob er völlig erschöpft sei. Die Federn sind gesträubt wie bei einem wirklich erkrankten Vogel. Durch die unordentliche Lage der Federn werden oft helle Gefiederteile sichtbar, die das ganze Verhalten noch auffälliger machen. Wasservögel legen sich bei ihrer Vorstellung gelegentlich auf eine Körperseite, schlagen ungeschickt mit einem Flügel in der Luft und rudern im Kreis herum, als wenn sie hoffnungslos verletzt wären.

Selbst wenn diese Vögel alle möglichen Krankheiten oder Verletzungen vortäuschen und ungeschickt herumflattern und stolpern, sind sie sich doch dessen bewußt, was um sie herum vorgeht, und keineswegs von Angst vor dem nahen Räuber beeinträchtigt. Alle ihre Reaktionen sind nur vorgetäuscht. Für einen der ersten professionellen Tierbeobachter war es ein Vergnügen zu sehen, mit welcher Sorgfalt Küstenvögel

Ein Elternvogel zeigt bei der Nestverteidigung großen »Mut« – wie dieser Schmiedekiebitz, der einen Jungelefanten weglocken will. Obwohl dieser kein Räuber ist, könnte er doch das Nest beschädigen. Deswegen erscheint es dem Vogel ratsam, ihn davon fortzulocken. Der Vogel wirkt gegenüber dem Dickhäuter winzig, doch zeigt er ohne Zögern, die ganze Verhaltenspalette des »Verleitens«.

Selbst der mächtige Vogel Strauß kennt Ablenkungsmanöver. Anstatt den Angriff eines Räubers, der sich dem Nest nähert, zu riskieren, läuft der Elternvogel manchmal linkisch weg und schlägt so mit den Flügeln, als ob er Schwierigkeiten hätte. In jedem Augenblick kann er jedoch auf seine höchste Laufgeschwindigkeit umschalten. Wenn der Räuber die Jagd nach dem Elterntier aufgeben muß, hat er wahrscheinlich vergessen, wo das Nest genau liegt, und kann seine Fährte auch nicht mehr zurückverfolgen. Dem Strauß hingegen bereitet es keine Schwierigkeiten, denn er kennt das Nistgebiet sehr gut.

ihren Todeskampf inszenierten: »Das Ende kommt langsam, ein elendes Flattern und Scharren, ein Herumstaksen im Tod, doch selbst im Augenblick des Todes schafft es der Vogel zu vermeiden, daß er sein Leben auf unbequemen Steinen aushaucht.«

Mit anderen Worten: Es handelt sich um eine ritualisierte Verhaltensweise, die von dem Reiz »Feind in Nestnähe« ausgelöst wird. Wie sie auch entstanden sein mag, handelt es sich um eine kontrollierte und automatische Reaktion auf diese Situation, die in das Gebiet der Verhaltensmimikry gehört und angeboren zu sein scheint. Man beobachtete zum Beispiel eine Galapagostaube, die dieses Verhalten zeigte, obwohl es auf ihrer Insel seit Jahrtausenden keine Räuber mehr gab. Sie mußte dieses Verhaltensmuster geerbt und seit frühen Zeiten bewahrt haben.

Das »Mausrennen« sieht ganz anders aus. Es wird vor allem dort angewandt, wo die Räuber vorzugsweise nach kleinen Nagetieren Ausschau halten, nach Mäusen, kleinen Ratten und Lemmingen. Der Vogel verläßt sein Nest im letzten Augenblick und läuft mit einem quiekenden Ruf weg. Seinen Körper hält er auf eine merkwürdig verkrümmte Weise mit herunterhängenden Flügeln, gesträubten Federn und gesenktem Kopf. In dieser geduckten Haltung läuft das Tier im Zickzack herum, schlägt dabei mit seinen Flügeln und hält oft inne, um sicherzugehen, daß der Räuber ihm folgt. Ignoriert dieser das Verhalten, so fliegt der kleine Vogel schnell zurück und nähert sich ihm wieder aufgeregt. Dann beginnt ein neues Mausrennen in der Hoffnung, daß der Räuber diesmal abgelenkt wird. Der Vogel fährt mit seiner Verhaltensweise so lange fort, bis der Räuber die Verfolgung aufnimmt und sich immer weiter vom gefährdeten Nest entfernt.

Es gibt je nach Vogelart viele kleinere Abweichungen, doch die beiden grundlegenden Verhaltensmuster bleiben bestehen. Sie zeugen unter anderem von der feinen Wahrnehmungsfähigkeit der Räuber. Eine primitive Vorstellung würde sie nicht täuschen, sie muß absolut überzeugend wirken; wenn dies nicht zutrifft, lassen sie sich nicht vom Nest mit seinen Jungtieren weglocken. Das Verhalten muß aber für die Nestbesitzer risikofrei sein, damit sie überleben und weiter ihrer Brutpflege nachgehen können. Die Vögel müssen absolut auf Draht sein, damit sie bei einem eventuellen Angriff sicher entkommen. Gleichzeitig müssen sie aussehen, als wären sie nahe dem Kollaps und stünden unter Schock. In Wirklichkeit trifft dies aber gar nicht zu. Es ist alles nur Täuschung. Bei welcher Gelegenheit und wie entwickelte sich diese Verhaltensweise im Laufe der Stammesgeschichte? Welches sind ihre Ursprünge?

Wie bei vielen Verhaltensweisen sind die ungewöhnlichen Bewegungen und Haltungen das Ergebnis eines Konfliktes. In diesem Fall besteht der Konflikt zwischen dem Drang, vor dem Räuber zu fliehen, und dem Drang, ihn anzugreifen. Gleichzeitig ist da noch ein Konflikt: Der Vogel möchte auf seinem Nest sitzenbleiben und gleichzeitig weit davon entfernt sein. Ursprünglich muß dieser Zustand zu einem widersprüchlichen und vieldeutigen Verhalten geführt haben, wobei der Vogel durch die entgegengesetzten inneren Stimmungen hin und her gerissen wurde. Widersprüchliche Intentionsbewegungen des Gehens und Kommens, unvermittelte Lautäußerungen, Sträuben der Federn und hastige Richtungsänderungen, all das war zu erwarten.

Würde es sich um einen einfachen Konflikt zwischen Flucht und Angriff handeln, so würde dies zu einem Drohverhalten führen. Dieses hätte sich dann so entwickelt, daß das Tier größer und bedrohlicher erscheint. Einschüchte-

Der Gefleckte Seehase (oben), eine Meeresschnecke, stößt beim Herannahen eines Feindes eine purpurfarbene Tinte aus. Dadurch wird der Räuber abgelenkt: Er widmet seine Aufmerksamkeit mehr der Wolke als seiner Beute, die sich nun zurückziehen kann. Der Krake (unten) sowie andere Tintenfische verwenden eine ähnliche Strategie, ihre Tinte allerdings ist braun oder schwarz gefärbt.

rung ist jedoch nicht das Ziel des Ablenkungsmanövers. Die natürliche Auslese begünstigte Verhaltensweisen, die den Vogel nicht bedrohlich, sondern behindert aussehen ließen. Insbesondere begünstigte die Selektion ein kombiniertes Verhalten, bei dem der eine Teil des Tieres flieht und der andere Teil stillsteht. Das führte zum »Flügellahmstellen«. Der schlagende Flügel sagt: »Ich habe Angst«, und der unbewegliche Flügel bedeutet: »Ich werde mich nicht zurückziehen«. Zusammen ergibt dies ein merkwürdiges asymmetrisches Verhalten, das eine Verletzung vortäuscht. Im Fall des merkwürdigen Mausrennens sieht es so aus, als würde der Vogel gleichzeitig weglaufen und sich verstecken. Die merkwürdig geduckte Haltung mit gesenktem Kopf scheint einem anderen Verhaltensrepertoire entnommen zu sein, nämlich dem regungslosen Verharren auf dem Nest. Das Weglaufen und der quiekende Laut hingegen stammen aus dem Fluchtverhalten. Vor allem in der Kombination mit Weglaufen und Stehenbleiben entsteht daraus eine Mimikry zu den Nagetieren, die manchen Räubern attraktiv erscheint.

Was auch immer der Ursprung der Ablenkungsmanöver sein mag: Es ist daraus ein eigenes Verhalten geworden. Es hat sich von seinen Wurzeln entfernt und wird nun ausgelöst, wenn sich ein Feind dem Nest nähert. Dabei besteht jedoch eine Feinabstimmung im Hinblick darauf, in welchem Stadium sich die Brutpflege gerade befindet. Am bereitwilligsten neigen die Elterntiere zu diesem Verhalten, wenn die Jungen gerade aus dem Ei schlüpfen oder kurz bevor sie flügge werden. In dieser Zeit ist die Brutpflege am intensivsten.

Ablenkungsmanöver gibt es fast nur bei den Vögeln. Einige wenige Fälle sind jedoch auch bei anderen Tiergruppen bekannt, zum Beispiel beim amerikanischen Schlammfisch oder Kahlhecht. Das Männchen baut ein Nest für die Eier und beaufsichtigt auch die geschlüpften Jungfische. Sie schwimmen in einem dichten Schwarm um den Vater und folgen ihm überallhin. Diese Jungfische sind die bevorzugte Beute gewisser Raubfische. Deswegen vollführt der männliche Kahlhecht zu gewissen Zeiten Ablenkungsmanöver. Er entfernt sich vom Schwarm der Jungfische und schießt im Wasser hin und her, als ob er verletzt wäre. Auf diese Weise versucht er, die Aufmerksamkeit des Räubers von der Brut auf sich zu lenken.

Ein ganz anderes Verhalten wiederum zeigen die Tintenfische. Sie versuchen einen Angreifer von sich selbst insofern abzulenken, als sie eine dunkle Tinte ausstoßen. Zunächst dachte man, es handle sich schlicht um eine Nebelwand, hinter der sich der Tintenfisch verstecken und dann entkommen könne. Aufgrund sorgfältiger Beobachtungen weiß man heute aber, daß dies nicht der Fall ist. Der Tintentropfen bleibt anfänglich zusammen und dehnt sich nicht sofort aus. Doch durch seine schwarze Farbe wirkt er plötzlich viel auffälliger als der eigentliche Tintenfisch, der sich zur selben Zeit hell verfärbt. Dann schießt das nun fast unsichtbar gewordene Weichtier fort, während der Feind den auffälligen Tintenfleck angreift.

Eine weitere Form der Selbstverteidigung verwenden gewisse Radnetzspinnen. Sie werden oft von Raubwespen angegriffen. Deren Angriffe lenken sie ab, indem sie Reste von Insekten oder Eikokons einspinnen und in ihrem Netz plazieren. Diese Pakete sind ungefähr so groß wie die Spinnen selbst und auch ähnlich geformt. Sie dienen als Lockmittel, sollen die Aufmerksamkeit der Wespen auf sich lenken und retten so die Spinnen.

Hassen

Kleinvögel haben ihr Leben lang Angst vor Greifvögeln, besonders vor Eulen. Die Angst ist ihnen angeboren und wird bereits im Alter von wenigen Monaten manifest, und zwar ganz unabhängig davon, ob sie je vorher einer Eule begegnet sind oder nicht. Das wiederum hat zur Folge, daß sie im allgemeinen Eulen um jeden Preis meiden. Gelegentlich drehen sie jedoch den Spieß um – und der Räuber wird zum Gejagten. Anstatt zu fliehen, bleiben die kleinen Vögel und wagen eine Konfrontation. Mit einem Alarmruf ziehen sie weitere Kleinvögel an, bis der Greifvogel von einem zornigen und lärmenden Mob umgeben ist. Dieser beginnt nun den Vogel zu quälen. Die Kleinvögel rufen laut und auf- dringlich, verdrehen zuckend ihren Körper und unternehmen sogar Scheinangriffe. Bisweilen wagt ein besonders mutiges Individuum sogar einen richtigen Angriff und stößt von

Um einen Greifvogel, der an einer auffälligen Stelle sitzt, finden sich oft viele kleinere Vögel ein, die sich gegen ihn zusammenrotten. Sie lärmen, zeigen ein merkwürdiges Verhalten und setzen sogar zu Sturzflügen mit Schnabelangriffen auf den Feind an. Meistens verläßt der Raubvogel dann das betreffende Gebiet, oftmals in Begleitung seiner Peiniger, bis er deren Territorium verlassen hat. Auf dem Bild rechts oben zieht sich ein Steinadler zurück, der von einer Gruppe aggressiver Krähen vertrieben wurde.

Bisweilen bringt ein einzelnes Tier genug Mut auf, allein einen Raubvogel anzugreifen. Im Bild rechts unten bedrängt eine Blauracke einen Kampf-adler.

hinten auf den Greifvogel zu. Dieses Verhalten wird in der Zoologie als Hassen bezeichnet.

Das Hassen ist niemals zu beobachten, wenn der Greifvogel aktiv auf Jagd ist. Am häufigsten tritt die Verhaltensweise dann auf, wenn sich die Eule irgendwie merkwürdig verhält. Ist sie verletzt oder krank, sitzt sie während der Tagesstunden in ungewöhnlich exponierter Stellung auf einem Ast.

Eine solche große Eule zieht die Hasser an. Die Kleinvögel finden sich in großer Zahl ein und rücken der Eule nahe auf den Leib, oft bis auf drei Meter, und beginnen dann mit dem eigentlichen Verhalten des Hassens. Die genauen Bewegungen schwanken je nach Art. Der Buchfink beispielsweise dreht sich der Eule zu, sträubt die Kopffedern, winkelt die Beine ab und hebt die Flügel leicht an. Er duckt seinen Körper und bewegt ihn schnell seitlich hin und her, während der Schwanz auf und ab wippt.

Das Hassen zeigen viele Vogelarten, darunter Finken, Meisen, Waldsänger, Amseln, Drosseln und sogar die kleinen Kolibris. Sie werden besonders feindselig, schwirren um den Kopf des Greifvogels oft in einem Abstand von fünf Zentimetern herum, rufen laut und picken nach dessen Augen.

Einige größere Vögel wie die Amseln oder Drosseln führen oft Sturzflüge aus einer Entfernung von zehn Metern aus. Sie zielen genau nach dem Feind und ändern ihre Flugrichtung nur im allerletzten Augenblick – kaum dreißig Zentimeter vom Greifvogel entfernt. Eine besondere Taktik wenden die Wacholderdrosseln an. Sie bespritzen bei ihrem Sturzflug den Feind mit ihrem Kot. Dieser trocknet ein und verklebt das Gefieder. So manche Greifvögel, besonders Mäusebussarde, sind daran schon zugrunde gegangen.

Die Aufregung steckt an: Es kommen viele neue Vögel hinzu und schließen sich den übrigen an, selbst wenn sie den Greifvogel gar nicht sehen, der diese Aufregung eigentlich verursacht. Sie nehmen einfach das Verhalten der anderen Kleinvögel wahr und machen es ihnen nach. Während dieses »Bandenkrieges« werden sie so aufgeregt, daß Menschen ihnen viel näher kommen können als sonst. Sie sind so aufgebracht, daß sie selbst dann noch längere Zeit mit diesem Verhalten fort-

Am häufigsten sind Eulen ein Opfer hassender Vögel. Diese Erscheinung ist schon seit Jahrtausenden bekannt. Die früheste Darstellung davon finden wir auf einer schwarzfigurigen griechischen Vase aus dem 6. Jahrhundert v. Chr. (oben links). Sie zeigt uns, daß Vogelfänger schon damals die Verhaltensweise des Hassens für sich nutzten. Sie banden eine Eule unter einem Baum fest und beschmierten dessen Äste mit Leim. Wenn sich die kleinen Vögel zum Hassen zusammenfanden, blieben einige kleben. Der Vogelfänger fing sie ein und gab sie in die Küche.

Das Mosaik aus dem 17. Jahrhundert (oben rechts) zeigt, wie sich verschiedene Vogelarten zusammentun, um einen gemeinsamen gefürchteten Feind zu vertreiben.

fahren, wenn sich der Greifvogel längst zurückgezogen hat. Es ist, als ob sie sich nur sehr langsam beruhigen können.

Die belagerte Eule findet das Ganze höchst störend und verwirrend. Ihr Verhalten verrät, daß sie von dem Geschehen um sie herum irritiert ist. Sie fühlt sich immer schlechter. Wenn das Getöse zuviel für sie wird, fliegt sie weg, um einen ruhigeren Platz zu suchen. Das ist natürlich der Zweck des Ganzen. Die Eule wird die erlittene Pein nicht so schnell vergessen und den betreffenden Waldabschnitt von nun an meiden. Für die Kleinvögel ist das natürlich von großem Vorteil.

Die hassenden Vögel zeigen ein deutliches Konfliktverhalten. Aus Angst vor der Eule möchten sie eigentlich fliehen, doch der Zorn über das Eindringen in ihr Gebiet macht sie gleichzeitig angriffslustig. Zusätzlich spielt ein Element der Neugierde eine große Rolle: Die Kleinvögel möchten soviel wie möglich über den gefürchteten Feind lernen, solange er dieses eine Mal ruhig dasitzt.

Obwohl das Hassen erst nach dem Zweiten Weltkrieg ernsthaft erforscht wurde, ist es doch schon seit über 2500 Jahren bekannt. Es gibt zum Beispiel eine außerordentlich schöne schwarzfigurige griechische Vase aus dem 6. Jahrhundert v. Chr., die hassende Vögel darstellt. Neben einem Baum mit zehn Ästen sitzt eine angebundene Eule und in weiterer Entfernung rechts und links von ihr ein menschlicher Beobachter, während 31 Vögel die Luft erfüllen. Einige sitzen auf Zweigen und schlagen mit ihren Flügeln, als ob sie sich in Schwierigkeiten befänden.

Auf diesem Gefäß hat der Künstler dargestellt, wie man das Hassen zum Fang von Kleinvögeln verwenden kann. Sie kamen dann als Speise auf den Tisch. Die angebundene Eule diente als Lockvogel und zog die Kleinvögel an. Viele landeten dabei auf dem benachbarten Baum. Der Vogelfänger hatte dessen Äste zuvor mit Leim beschmiert, so daß die Vögel daran kleben blieben.

Die Darstellung verrät, daß die Griechen das Hassen der Vögel schon damals gut kannten. Auch in der römischen Kunst ist diese Verhaltensweise dargestellt. Es gibt ein aufwendiges Mosaik, in dessen Mitte eine Eule sitzt., Sie ist von einer Gruppe von Vögeln umgeben. Die Eule selbst ruht auf einem symbolischen bösen Auge, das von einem

Auf diesem Bild greift eine amerikanische Spottdrossel mutig einen Virginia-Uhu an.

Speer durchbohrt ist. Damit ist gesagt, daß das böse Auge der Eule durch das Hassen der Kleinvögel unschädlich gemacht wurde. In einem Tierbuch aus dem Mittelalter sehen wir eine Eule, die von drei mutigen Vögeln angegriffen wird. Einer darunter ist eine Elster. Viel später, im 18. Jahrhundert, stellte der spanische Maler Goya eine Käfigeule dar, auf die sich zwei frei herumfliegende Vögel stürzen, während ein anderer kleiner Käfigvogel nervös vor ihr sitzt. Der Fink wurde im Käfig nahe zur Eule gestellt, damit er dauernd Alarmrufe ausstoße. Damit lockte er andere Vögel an. Das Netz über dem Baum im Hintergrund diente offensichtlich dazu, neuangekommene Vögel zu fangen.

In moderner Zeit hat man sich dafür interessiert, welche Merkmale der Eule das feindliche Verhalten hervorrufen. Anhand von Feldversuchen mit ausgestopften Tieren und Holzattrappen zeigte es sich bald, welche Eigenschaften wichtig sind. Eine »gute« Eule sollte die folgenden Merkmale aufweisen: einen großen Kopf, einen kurzen Hals, einen kurzen Schwanz, feste Umrißlinien, braune oder graue Farbe, ein Flecken- oder Streifenmuster, einen Schnabel und nach vorne gerichtete Augen. Je mehr solche Eigenschaften eine Attrappe besaß, um so stärker fiel das Hassen aus. Dabei machte es nur wenig aus, ob es sich um eine ausgestopfte Eule oder um ein Holzmodell handelte. Fehlten die Schlüsselelemente oder waren nur wenige vorhanden, so zeigten die Kleinvögel Neugierde, wurden aber nicht zu Verhaltensweisen des Hasses stimuliert.

Ein besonderes Eulenmerkmal reicht aus, um Vögel zum Hassen anzulocken. Es ist der charakteristische schreiende Ruf. Als früher einmal Kolibrifedern eine wichtige Rolle in der Mode spielten, ahmten die Felderjäger Trinidads den klagenden Ruf der Eule nach, um Kolibris anzulocken.

Obwohl Eulen die stärksten Reaktionen hervorrufen, sind sie doch nicht die einzigen Objekte des Hassens. Auch andere Greifvögel werden auf dieselbe Weise belästigt, besonders wenn sie tagsüber in auffälliger Stellung sitzen. Bei Feldversuchen fand man heraus, daß auch Kuckucke angegriffen werden. Zunächst zeigten die Vögel das typische aufgeregte Verhalten. Wenn sich dann der ausgestopfte Vogel nicht zurückzog, attackierten sie ihn, rissen ihm Federn aus und waren in ihr aggressives Tun so vertieft, daß sie weiter fortfuhren, selbst wenn ein Zoologe den ausgestopften Vogel in die Hand nahm. Selbst wenn er ein großes Tuch über den präparierten Vogel warf, gaben die zornigen Kleinvögel – in diesem Fall handelte es sich um Nachtigallen – nicht auf und griffen statt dessen den Stoff an. Solche Leidenschaften zeigt eine lärmende aufgebrachte Menge.

Erdhörnchen hassen gelegentlich auf Schlangen. Die kleinen Nagetiere unternehmen mutige höhnische Ausfälle auf die tödlichen Reptilien und riskieren sogar gelegentlich einen blitzschnellen Angriff. Sie werfen der Schlange auch Sand oder Staub ins Gesicht. Unter diesem Druck und ohne einen isolierten Gegner, der mit einem blitzschnellen Giftangriff schnell lahmzulegen

Feldversuche mit ausgestopften Vögeln zeigen, daß sich unterschiedliche Kleinvögel einem verhaßten Feind nähern, um ihn anzugreifen. In diesem Fall ist es kein Raubvogel, sondern ein Kuckuck. Das ausgestopfte Tier wird von wütenden Rohrsängern und einem Nachtigallenpärchen angegriffen. Der Fitislaubsänger im Bild links unten geht sogar auf einen ausgestopften Kuckuckskopf los.

Auch Kleinsäuger zeigen gelegentlich die Verhaltensweise des Hassens gegenüber einem gefürchteten Feind. Auf diesem Bild aus der Kalahari-Wüste greift eine Gruppe von Erdmännchen zornig eine tödlich giftige Kapkobra an.

wäre, zieht sich die Schlange normalerweise zurück. Auch hier bietet eine große Individuenzahl Schutz vor dem Feind.

Einige Räuber provozieren auch das Hassen. Füchse meiden oft Brutkolonien von Seevögeln. Denn wenn sie selbst bei einem schnellen Angriff Nestlinge rauben, werden sie ihrerseits von Elternvögeln und dem ganzen Mob im Sturzflug angegriffen. Die Küstenvögel, vor allem Möwen, hacken mit ihren Schnäbeln im Flug nach dem Kopf des Fuchses, und dieser muß sich schnell zurückziehen, um seine Haut zu retten.

Auch Paviane tun sich auf ähnliche Weise gegen einen Leoparden zusammen, obwohl es sich dabei um ein gefährliches Unterfangen handelt. Aber auch hier ist eine Gruppe aufgeregter feindlicher Beutetiere als Gegner normalerweise zuviel für das Raubtier. Jeder Killer hat seinen eigenen Modus Operandi und sieht es gar nicht gerne, wenn er unter Umständen zu einem Angriff gezwungen wird, der seinem Jagdstil nicht entgegenkommt. Eine wütende Menge schafft nur Verwirrung und verhindert, daß die Jagd glatt abläuft. Deswegen entscheidet sich das Raubtier meistens dafür, sich zurückzuhalten und den unangenehmen Ort so ruhig wie möglich zu verlassen. Für die Jagd ist später Zeit, und dann kann der Räuber die Bedingungen festlegen. Mit einer hassenden Menge als Gegner könnte die Jagd einen unvorhersehbaren Verlauf nehmen – selbst für den gefährlichsten Feind.

Forscher haben bei Schimpansen einige ungewöhnliche Fälle des Hassens beobachtet. Ein Verhaltensforscher stellte einen ausgestopften Leoparden in die Lichtung eines westafrikanischen Waldes in der Nähe einer Schimpansengruppe und versteckte sich selber im Buschwerk. Als sich die Schimpansen dem Leoparden näherten, setzte der Forscher über eine Fernbedienung einen Elektromotor in Gang, der den Kopf des Leoparden bewegte. Die Reaktion der Menschenaffen war erstaunlich. Filmaufnahmen zeigten, daß sie sich sofort gegen den Leoparden zu einer Gruppe zusammentaten. Sie liefen auf ihn zu, schrien, stampften mit den Füßen und warfen Gegenstände nach ihm. Schließlich griff ihn ein Schimpanse mit einem großen Ast an und versetzte ihm einen mächtigen Schlag. Dieses Verhalten erinnert sehr stark daran, wie Menschenmobs Wildtiere behandeln, denen sie begegneten. Auch daran erkennen wir, wie nahe verwandt Menschen und Schimpansen sind.

Werkzeuggebrauch

Mit etwas Anleitung können in Gefangenschaft gehaltene Schimpansen lernen, bemerkenswert gut mit Werkzeugen umzugehen. Sie können Schlüssel in Schlüssellöcher stecken und sie umdrehen, um eine Tür zu öffnen. Sie werfen Münzen in Automaten, um Nahrung zu bekommen, werfen mit Bällen, um kleine Gegenstände zu verschieben, und gehen so geschickt mit Pinseln um, daß einfache abstrakte Zeichnungen auf Papier erscheinen. Die Tatsache, daß sie all dies können und in Labortests auch mit komplizierteren Maschinen umgehen, ist zwar sehr beeindruckend, sagt uns aber wenig darüber, wie ein Werkzeuggebrauch in der freien Natur aussieht. Um das herauszufinden, waren viele geduldige Tierbeobachtungen in den tropischen Wäldern Afrikas notwendig. Überraschenderweise wurden wilde Schimpansen erst in den letzten

Wildlebende Schimpansen fressen gerne Termiten und Ameisen. Mit langen Stöckchen stochern sie in deren Nestern. Die Schimpansen verwenden jedoch nicht nur diese Werkzeuge, sondern stellen sie auch selber her, indem sie Seitenzweige abbrechen und die richtige Länge bestimmen. Lange Zeit dachte man, nur der Mensch sei imstande, sich Werkzeuge selber herzustellen.

Jahrhunderten genauer studiert. Zuvor hatte man angenommen, in ihrer natürlichen Umgebung sei eine Beobachtung aus der Nähe viel zu schwierig, und man zog es vor, sich statt dessen auf Paviane zu konzentrieren, an die man viel leichter herankam. Doch in den sechziger Jahren erschien eine neue Generation von Zoologen und Tierbeobachtern auf der Bildfläche, und so wissen wir heute, daß Schimpansen ohne menschliche Hilfe und ohne unseren Einfluß bei mindestens vier Gelegenheiten von Werkzeug Gebrauch machen.

Wildlebende Schimpansen verwenden abgebrochene Äste als Keulen oder Wurfgeschosse und greifen damit Räuber an. Bei der Nahrungssuche öffnen sie harte Nüsse mit Steinen – und das keineswegs nur zufälligerweise. Die Steine und Nüsse wurden nicht gleichzeitig gefunden, sondern getrennt voneinander aufgesammelt. Die Schimpansen brachten sie erst an einer geeigneten Stelle zusammen. Ein Menschenaffe trug zum Beispiel einen Armvoll Nüsse zu einem flachen Felsen. Dort schlug er dann methodisch Nuß für Nuß auf, entfernte die Schale und aß den Inhalt. Durstige Schimpansen machen sich ein Bündel Blätter zurecht und tauchen es wie einen Schwamm in kleine Wasserpfützen, die sich manchmal in Astgabeln bilden. Mit Wasser getränkt werden die Schwämme aus Blättern dann an den Mund geführt und die Flüssigkeit herausgesaugt.

Am überraschendsten ist jedoch, wie wildlebende Schimpansen mit Werkzeugen lebende Ameisen oder Termiten aus ihren Nestern herausstochern. Früher meinte man, Schimpansen seien wie viele andere Affenarten ausschließlich Pflanzenfresser. In Wirklichkeit fressen sie zusätzlich zu ihrer pflanzlichen Kost sehr gern Fleisch gleich welcher Herkunft. Eine Proteinquelle für sie sind lebende Insekten. Schimpansen suchen regelmäßig Termitenhügel und Ameisennester auf und brechen mit ihren kräftigen Fingern und harten Nägeln kleine Löcher in die harten Bauten. Doch das reicht nicht, sie müssen tiefer eindringen. Das geschieht mit Hilfe kleiner Zweige, die sie sorgfältig von allen Seitentrieben befreien und glätten. Die fertigen handlichen Stöckchen führen sie dann durch das Loch in das Insektennest ein. Die Menschenaffen tun dies mit großer Konzentration. Schließlich nehmen sie das Stöckchen wieder heraus, auf dem es nun von aufgebrachten In-

Immer wieder haben Forscher beobachtet, wie Raubtiere Eier an harten Oberflächen zu öffnen versuchen. Einige sind dabei erfolgreicher als andere. Die Mungos haben einige Verhaltensweisen entwickelt, um Eier gegen große Steine oder Felsen zu schleudern. Einige Arten erheben sich auf die Hinterbeine und werfen sie von oben auf den Boden. Die Zebramanguste aus Kenia (oben links) wirft das Ei zwischen den Hinterbeinen hindurch nach hinten. Der Löwe interessiert sich für Straußeneier, hat aber kein Verfahren gefunden, um sie zu öffnen, und findet sie deswegen letztlich ziemlich frustrierend (oben rechts).

sekten wimmelt, und ziehen es sich quer durch den Mund, wobei sie die Tiere abstreifen und sofort hinunterschlucken. Auch hier hat der Werkzeuggebrauch nichts Zufälliges an sich. Ist in der Nähe eines Insektennestes kein geeignetes Werkzeug vorhanden, so gehen Schimpansen nachgewiesenermaßen bis über 700 Meter weit, um sich ein Stöckchen zu besorgen. Hat ein Tier ein besonders gutes Werkzeug, so nimmt es dieses von Nest zu Nest mit. Wenn es zerbricht, wird es sogar repariert und weiterverwendet.

Der wichtigste Aspekt dieser Art von Futtersuche besteht darin, daß die Schimpansen Werkzeuge nicht nur verwenden, sondern sie auch selbst herstellen. Noch 1961 wurde die kühne Behauptung aufgestellt, der Mensch sei der einzige Primate, der Werkzeuge herstelle. Im strengeren Sinne gilt diese Unterscheidung nicht mehr.

Schimpansen sind keineswegs die einzigen Säuger, die in der freien Natur Werkzeuge verwenden. Man hat Affen beobachtet, die mit Hilfe von

Steinen Nußschalen und die harten Panzer von Krabben aufschlugen. Die äußerst intelligenten südamerikanischen Kapuzineräffchen schlagen Nüsse gegen harte Oberflächen oder zermalmen sie zwischen Steinen.

Doch nicht nur Primaten machen von Werkzeug Gebrauch. Auch einige Raubtiere brechen hartschalige Nahrung mit Hilfe von Steinen auf. Mungos und Skunke schleudern mit besonderen Körperbewegungen Vogeleier gegen Felsen, um sie so zu öffnen. Etwas abgewandelte Techniken wenden auch andere Arten an. Das langbeinige Sumpfichneumon hält das Ei mit den Vorderpfoten fest, richtet sich auf den Hinterbeinen auf und wirft das Ei dann kräftig auf den Boden. Die echten Mungos schleudern das Ei zwischen den Beinen nach hinten gegen eine senkrechte Felswand. Auch die Goldstaub-Manguste geht so vor, erteilt dem Ei mit einem Hinterteil aber noch einen Extrastoß.

Der Seeotter frißt große Mengen Muscheln und öffnet diese mit größeren Steinen. Er hat dafür zwei verschiedene Techniken. Muscheln, die an Felsen festsitzen, schlägt er gleich an Ort und Stelle mit einem Stein auf. Muscheln jedoch, die er unversehrt vom Meeresboden hochholt, behandelt er auf ziemlich ungewöhnliche Weise. Der Otter taucht und holt einen flachen Stein und eine Muscheln, zum Beispiel eine Miesmuschel. An der Wasseroberfläche dreht er sich auf den Rücken und legt sich den flachen Stein auf die Brust. Die Muschel mit beiden Vorderpfoten umfassend, schlägt er sie auf seinen tragbaren Amboß, bis sie zerbricht und er den Inhalt fressen kann.

Muscheln auf diese Weise zu öffnen, ist für den Seeotter eine sehr anstrengende Arbeit. Sie ist nur deswegen sinnvoll, weil das Tier dann die Muscheln nicht mehr an Land schleppen muß, um sie dort zu öffnen. Ein Otter, den man über neunzig Minuten hinweg beobachtete, öffnete in dieser Zeit 45 Muscheln, wobei er 2237 mal auf den flachen Stein hämmern mußte. Bei einer täglichen Ernährung dieser Art wird das Gebiet der Brust unter dem Amboß natürlich kräftig in Mitleidenschaft gezogen. Man glaubt, daß dies der Grund ist für zahlreiche Brustbeschwerden bei dieser Spezies.

Da der Werkzeuggebrauch nur in einigen Seeotter-Kolonien beobachtet wurde, in anderen hingegen nie, glaubte man eine Zeitlang, es handele sich um eine angelernte Verhaltensweise, die sich in einigen

Der Seeotter taucht auf den Meeresboden und holt sich einen flachen Stein und eine Muschel. An der Wasseroberfläche dreht er sich auf den Rücken, legt sich den Stein auf die Brust, hält die Muschel mit den Vorderpfoten fest, hebt die beiden Arme hoch über den Kopf und schlägt die Muschel mit aller Kraft auf den Stein. Nach einigen schnell aufeinanderfolgenden Schlägen bekommt die Muschel einen Riß, und der Seeotter kommt dann an das Fleisch heran.

Gruppen ausgebreitet habe, von anderen indessen weder entwickelt noch genutzt wurde. Heute denkt man darüber anders. Genauere Untersuchungen zeigten, daß bei Gruppen ohne Werkzeuggebrauch die lokalen Muschelarten oder andere Meeresfrüchte schwächere Schalen besaßen, die der Otter mit seinen Zähnen und Kiefern aufbrechen konnte. Werkzeuge waren in diesem Fall also nicht erforderlich. Die entscheidende Beobachtung in diesem Zusammenhang machte man in einer Kolonie, die eine Zwischenstellung einnahm: Die erwachsenen Tiere konnten die Nahrung dort mit Kiefern und Zähnen aufknacken, während dies jüngeren Ottern noch nicht gelang. In dieser Kolonie verwendeten nur die jungen Otter einen steinernen Amboß. Das beweist, daß es sich bei ihrem Werkzeuggebrauch nicht um eine durch Nachahmung ihrer Eltern übernommene Verhaltensweise handelt, sondern um eine angeborene Reaktion.

Das heißt jedoch nicht, daß individuelles Lernen keine Rolle bei der Entwicklung und Verbesserung der Verhaltensweise an sich spiele. In Kolonien, in denen alle Otter solche Werkzeuge gebrauchen, gibt es zum Beispiel einige vorausschauende erwachsene Tiere, die ihren Lieblingsstein zum weiteren Gebrauch aufbewahren. Sie behalten einen besonders flachen Stein und bringen ihn jedesmal mit einer neuen Muschel wieder an die Wasseroberfläche. Dabei stellt sich die Frage, wie die Seeotter beim Tauchen den Stein festhalten. Durch ausgiebige Beobachtungen haben die Zoologen die Antwort darauf gefunden: Die Otter klemmen ihren Lieblingsstein beim Tauchen in der Achselhöhle fest.

Abgesehen von den Primaten und Raubtieren gibt es nur wenige Säuger, die Werkzeuge verwenden. Gelegentlich hat man beobachtet, daß Elefanten und Pferde einen Stock aufnehmen, ihn mit dem Maul oder dem Rüssel festhalten und sich damit den Rücken kratzen. Auf diese Weise gelangen sie an eine besonders juckende Körperstelle, ohne sich auf dem Boden zu wälzen oder sich in komplizierter Körperhaltung an einem Baum oder Fels zu kratzen. Ansonsten sind trotz der allgemein beeindruckenden Intelligenz der Säuger bei ihnen keine weiteren Beispiele mehr für Werkzeuggebrauch zu finden. Bei den Vögeln hingegen ist dies sehr wohl möglich.

Am berühmtesten für seinen Werkzeuggebrauch ist vielleicht der Spechtfink von den Galapagosinseln, bei dem diese Verhaltensform auch erstmals sorgfältig untersucht wurde. Diesem kleinen Vogel fehlt die lange Zunge der echten Spechte. Als Ersatz verwendet er einen scharfen dünnen Zweig oder einen großen Dorn von einer Kaktuspflanze. In den Spalten und Höhlungen von Zweigen sucht der Spechtfink damit nach verborgenen Insekten. Dabei hält er das Werkzeug der Länge nach im Schnabel und verwendet es als dessen Verlängerung. Der Vogel stochert damit in Hohlräumen, spießt entweder verborgene Larven auf oder stört sie dermaßen, daß sie sich schnell ins Freie begeben. Dann läßt er das Werkzeug fallen und frißt schnell seine Beute.

Wenn Larven vorhanden sind, die Gänge im Holz bohren, wendet der Spechtfink eine etwas andere Technik an. Er beginnt damit, daß er ein Loch in den Ast meißelt, bis er auf einen Insektengang stößt. Dann fliegt er weg, sucht sich ein passendes Werkzeug und kehrt zu seinem neugebohrten Loch zurück. Den Dorn führt er tief in das Loch ein, vertreibt dabei seine Beute oder holt sie wie mit einem Hebel an die Oberfläche.

Die überraschendste Beobachtung bei diesen kleinen Vögeln war allerdings, daß er wie der Mensch und der Schimpanse nicht nur Werkzeuge verwendet, sondern sie auch selber herstellt. Ist kein passender Zweig oder Dorn vorhanden, sucht sich der Vogel einen größeren Zweig und bearbeitet ihn, bis er die richtige Größe hat. Dabei entfernt er auch alle Seitenzweige. Damit macht er das gleiche, was auch der Schimpanse tut, wenn er sich Stöckchen für den Termitenfang vorbereitet. In dieser Hinsicht sind Menschenaffen- und Vogelgehirn also gleichwertig.

Weitere außergewöhnliche Beispiele eines Werkzeuggebrauchs finden sich bei bestimmten Laubenvögeln. Der Seidenlaubenvogel und einige andere Arten formen kleine Holzstückchen zu »Pinseln«, mit denen sie die Wände ihrer kompliziert gebauten Lauben bemalen.

Der Spechtfink der Galapagosinseln (oben) verwendet einen spitzen Zweig oder einen Kaktusdorn als Werkzeug auf der Suche nach Insekten oder deren Larven, die im Holz Gänge bohren oder sich in Spalten verstecken. Der Spechtfink spießt sie entweder auf oder hebelt sie mit seinem Werkzeug aus deren Gängen. Diese Finkenart war eines der ersten Tiere, von dem man wußte, daß es Werkzeuge benutzt.

Die Singdrossel unten verwendet einen Amboß, um Schneckenschalen zu öffnen. Sie hält die Schale mit dem Schnabel an der großen Öffnung und versucht deren Spitze zu zertrümmern. Dabei wird auch die Columella zerbrochen, die dem ganzen Gehäuse seine Festigkeit verleiht. Nach einigen Schlägen kann die Singdrossel den Weichtierkörper herausziehen und fressen.

Der Schmutzgeier hebt einen großen Stein hoch, den er gerade noch im Schnabel halten kann, und wirft ihn mit aller Kraft auf ein Ei. Auf diese Weise kann er sogar Straußeneier knacken, selbst wenn dazu mehrere Würfe notwendig sind. Kleinere Eier nimmt der Vogel direkt in den Schnabel und wirft sie auf den Boden.

Sie nehmen einen Schnabel voll Kohle oder Fruchtsaft, vermischen ihn mit ihrem Speichel und lassen ihn dann dem »Pinsel« entlang, den sie mit leichtgeöffneten Schnabelhälften festhalten, heraustropfen. In diesen Fällen steht der Werkzeuggebrauch nicht im Zusammenhang mit der Nahrungssuche, sondern mit der Balz dieser bemerkenswerten Vögel.

Viele Vögel verwenden harte Oberflächen als unbewegliche Werkzeuge, um damit an Nahrung zu kommen, die durch harte Schalen geschützt sind. Die Singdrossel hämmert Schneckenschalen gegen einen Stein – ein gewohnter Anblick in Mitteleuropa. Der Vogel hält die Schneckenschale im Schnabel und schlägt sie mit schnellen Bewegungen auf den Stein. Nach mehreren Schlägen zeigt sich meist ein Riß, der noch vergrößert werden muß. Früher oder später zerbricht die Columella, die zentrale Achse der Schneckenschale. Damit verliert der entsprechende Muskel, der das Tier in die Schale zurückzieht, seine Wirkung. Mit einigen weiteren Schnabelhieben holt die Singdrossel den Weichtierkörper aus der Schale. Sie hält ihn im Schnabel fest und wischt damit wiederholt über den Boden, um ihn vor dem endgültigen Fressen von möglichst viel Schleim zu befreien.

Die Singdrossel ist nicht die einzige Vogelart, die ein Werkzeug auf diese Weise verwendet. Solche Ambosse oder Schmieden kennen auch andere Vögel, die sich von hartschaliger Beute ernähren, zum Beispiel die australische Drosselkrähe, der Rotbauchpitta und der Zahnlaubenvogel. Auch Möwen und Krähen wurden beobachtet, wie sie Felsen zum Öffnen von Schalen verwendeten; bei ihnen leistete aber die Schwerkraft die Hauptarbeit. Die Tiere fliegen hoch hinauf über Felsen und lassen ihre Beute dann fallen: Muscheln, Eier und bisweilen sogar Schildkröten. Man hat auch schon Bartgeier bei dieser Art der Futtervorbereitung beobachtet. Auch sie lassen Knochen und Schildkröten aus großer Höhe fallen. Über die ausgeklügelste Technik verfügt jedoch eine weitere Geierart, der Schmutzgeier.

Straußeneier faszinieren und frustrieren den Schmutzgeier gleichzeitig. Sie sehen genau wie andere Eier aus und versprechen damit eine gute Mahlzeit. Doch ihre Schalen sind zu dick und zu kräftig, als daß der Geier sie auf normale Weise öffnen könnte, d.h. durch einfache Schnabelhiebe. Dieses Problem löst der Geier auf spektakuläre Weise. Er sucht sich einen passenden Stein. Dieser muß so groß und so schwer sein, daß das Straußenei damit aufgeschlagen werden kann, aber nicht zu groß, da er ihn sonst nicht mehr im Schnabel halten kann. Mit diesem Stein im Schnabel stellt sich der Geier vor dem Ei auf, reckt sich bis zur größtmöglichen Höhe und schleudert dann den Stein so fest wie möglich auf das Ei. Etwa jedes zweite Mal trifft er das Ei auch tatsächlich, und sechs bis zwölf Treffer sind notwendig, damit die dicke Schale zerspringt. Wenn die Strauße ihre Nester mit den Eiern in sandigen Gebieten ohne Steine haben, legen die Geier auf der Suche nach einem geeigneten Stein weite Strecken zurück, bis zu über vier Kilometer in Extremfällen. Das beweist, daß es sich dabei nicht um eine zufällige, momentane Reaktion handelt, sondern um eine reflektierte Handlung, die längere Konzentration erfordert.

Die Ornithologen haben bei mindestens dreißig Vogelarten Werkzeuggebrauch feststellen können. Einige weitere Beispiele: Aaskrähen halten eine Eichel mit ihren Füßen fest und hämmern mit einem kleinen Stein auf die Frucht ein, bis sie aufgeht. Würger wie die Neuntöter sind dafür bekannt, daß sie ihre Beutetiere auf scharfe Dornen aufspießen. Viele kleine Vögel nehmen eine Ameise in den Schnabel und wischen mit ihr durch ihr Gefieder. Dabei gibt die Ameise ihre Säure ab. Offensichtlich handelt es sich dabei um eine Art von Schädlingsbekämpfung, wobei die Ameisensäure Außenparasiten des Vogels abtötet. In solchen Fällen können wir die Ameisen als »lebende Werkzeuge« betrachten. Mangrovereiher verwenden beim Fischfang ihre eigenen Federn als Köder. Der Vogel läßt eine Feder in der Nähe kleiner Fische auf das Wasser fallen. Die Beutetiere ahnen nichts Böses und untersuchen den neuen Gegenstand auf Genießbarkeit. Wenn sie daran herumknabbern, spießt sie der Reiher auf und frißt sie.

Einzelne Beobachtungen deuten darauf hin, daß der Werkzeuggebrauch bei Vögeln wahrscheinlich noch viel weiter verbreitet ist, als man bisher gedacht hatte. Der wenig bekannte Mangrove-Darwinfink der Galapagosinseln verhält sich neueren Untersuchungen zufolge ebenso wie sein berühmter Verwandter, der Spechtfink. Auch von einigen anderen Arten berichteten die Forscher, sie würden wahrscheinlich Werkzeuge gebrauchen. Doch darüber brauchen wir erst noch mehr Informationen. Bei Tieren in Gefangenschaft wird die Liste noch viel länger, denn viele Arten von Papageien, Krähen und Greifvögeln verwenden hier kleine Gegenstände zur Körperpflege, um Futter zu bekommen oder um irgendwelche Tricks vorzuführen. Möglicherweise spielt dabei die Langeweile als Auslöser eine Rolle.

Bei den Fischen kennen wir nur einen überzeugenden Fall von Werkzeuggebrauch. Dabei handelt es sich um den Schützenfisch, der in den Mangrovensümpfen Südostasiens lebt und der Wassertropfen als Waffen verwendet. Er verbringt einen großen Teil seiner Zeit damit, mit

Gegenüberliegende Seite: Der Schützenfisch schießt mit Wassertröpfchen nach Insekten, die auf überhängenden Pflanzen sitzen. Auf eine Entfernung von eineinhalb Meter trifft er mit großer Sicherheit. In Ausnahmefällen kann er auch zielgenau bis drei Meter weit schießen. Am meisten beeindruckt bei diesem Verhalten, daß der Fisch imstande ist, die Lichtbrechung an der Wasseroberfläche auszugleichen.

Wassertropfen nach Insekten zu schießen, die ahnungslos auf herunterhängenden Blättern sitzen. Die Wassertropfen schießt er mit großer Genauigkeit über beträchtliche Entfernungen hinweg. Bis auf 1,50 Meter trifft er eigentlich jedes Insekt. Man weiß, daß er in Ausnahmefällen sogar noch auf drei Meter Entfernung mit seinem Wassertropfenbombardement Beute machen kann. Der Schützenfisch hat am Munddach eine Rinne. Wenn er seine Zunge dagegenpreßt, entsteht ein schmales Rohr, durch das Wasser unter Druck ausgestoßen werden kann. Den Druck bauen die Kiemendeckel durch plötzliche Kontraktion auf. Am meisten beeindruckt bei der Zielgenauigkeit des Schützenfisches dessen Fähigkeit, die Lichtbrechung des Wassers zu berücksichtigen. Obwohl sich seine Lippen knapp oberhalb der Wasserfläche befinden, wenn er seine Tröpfchen abschießt, liegen die Augen doch deutlich darunter. Er muß also die unterschiedlichen Brechungsverhältnisse ausgleichen können, und es hat den Anschein, als müsse dies jeder einzelne Fisch selber lernen. Junge Schützenfische spucken ihre Wassertröpfchen nach fast allem und beweisen dabei nicht viel Zielsicherheit. Mit zunehmendem Alter zielen sie aber immer besser, und die erwachsenen Tiere sind am Ende erfahrene Schützen. Mit anderen Worten: Das Abschießen von Wassertröpfchen ist angeboren, das Zielen muß jedoch erlernt werden. Um ihre »Feuerkraft« zu demonstrieren, wurde eine kleine Gruppe von Schützenfischen in einem öffentlichen Aquarium auf neue Art gefüttert. Jeden Tag warf der Wärter feines Hackfleisch oberhalb der Wasserlinie gegen die Glaswände des Aquariums. Es blieb

Die Weberameisen rollen Blätter ein und verbinden deren Ränder mit Seidenfäden. Dadurch erhalten sie einen Behälter für ihr Nest. Die erwachsenen Ameisen können selbst keine Seide produzieren. Dazu benutzen sie Larven der eigenen Art. Einige Ameisen halten die Blattränder fest zusammen, während andere die Larven mit ihren Mandibeln packen. Wenn sie etwas fester zudrücken, tritt Seide aus. Dann bewegen sich die erwachsenen Ameisen den Blatträndern entlang und verweben sie.

Manche Würger benutzen Dornen als Werkzeuge. Sie spießen überzählige Beutetiere auf Dornen auf und legen sich auf diese Weise ein Vorratslager an. Man kann dort bisweilen auch größere Beutetiere sehen wie Frösche, Eidechsen und sogar Mäuse. Auch große Insekten sind eine übliche Beute, wie in diesem Fall, wo ein Neuntöter auf seiner Schlachtbank eine große Heuschrecke aufgespießt hat. In manchen Gegenden sind die Würger von Dornbüschen auf Stacheldraht übergegangen.

hier kleben, und die kleinen Fische begannen sofort ein Auge auf das köstliche Fleisch zu werfen, das sich allerdings außerhalb ihrer Reichweite befand. Einige Fische versuchten hochzuspringen und auf diese Weise etwas Fleisch zu schnappen, wobei sie bis 30 Zentimeter hoch kamen. Doch dann setzte die ganze Gruppe zum Tröpfchenbombardement an. Einige verwendeten Einzelschüsse mit Pausen dazwischen, andere schossen wie Maschinengewehre. Innerhalb von 15 Minuten hatte der Schwarm 150 Gramm Hackfleisch in das Aquarium gespült und aufgefressen. Als Schädlingsverzehrer sind die Schützenfische ohne Zweifel eine Klasse für sich.

Aus der Welt der wirbellosen Tiere gibt es zwei berühmte Beispiele für Werkzeuggebrauch. Das erste betrifft das Weibchen einer Grabwespenart, die in Sandboden ein besonderes Nest baut. Es besteht aus einem senkrechten Tunnel, in den das Weibchen seine Eier legt. Zuvor muß es aber seine Nachkommen mit Nahrung versorgen. Dazu lähmt sie mit ihrem Stich eine Raupe und bringt sie in den gegrabenen Gang. Schließlich muß die Grabwespe ihr Nest wieder verschließen, damit die fette Raupe nicht andere hungrige Mäuler anlockt. Dazu füllt die Wespe das Loch mit gewöhnlichen Sandkörnern auf. Dabei besteht allerdings die Gefahr, daß sie zu lose liegen und sich verschieben. Sie tritt sie deswegen fest und verwendet dazu ein Werkzeug. Sie sucht sich einen kleinen Kiesel oder einen Stein, der größer ist als die Sandkörner, aber nicht ganz so groß wir ihr eigener Kopf. Den Stein hält sie mit den Mandibeln fest und stampft damit die Sandkörner fest, die den Nesteingang blockieren. Wenn alles festgeklopft ist, sind ihre Mutterpflichten beendet.

Das zweite Beispiel ist vielleicht das außergewöhnlichste unter allen Fällen von Werkzeuggebrauch bei Tieren. Von den Weberameisen weiß man schon seit langem, daß ihre Nester aus Blättern bestehen, deren Ränder sie mit Seide verweben und aneinanderheften. Diese Arbeit übernehmen aber erwachsene Tiere, die selbst keine Seide produzieren. Wie das die Tiere dennoch schafften, blieb lange Zeit ein Rätsel. Die Antwort auf dieses Geheimnis liegt in einer Kooperation: Eine Reihe von erwachsenen Tieren hält die Blattränder zusammen. Andere Ameisen packen Ameisenlarven mit ihren Mandibeln und verwenden sie als lebendige Werkzeuge. Sie drücken sie leicht zusammen und zwingen sie dadurch, flüssige Seide auszustoßen. Befindet sich nun ein Tröpfchen Seide auf einem Blattrand, so bewegt die Weberameise ihre Larve zwischen diesem und dem anderen Blattrand hin und her. Dabei entstehen feinste Seidenfäden, welche die Blattenden miteinander verbinden. Dic crwachsenen Weberameisen verwenden also ihre Larven so wie wir eine Tube Leim. Einige Zoologen meinten, es handele sich hier eher um Zwangsarbeit von Kindern als um Werkzeuggebrauch. Doch verhalten sich die Larven dabei so passiv, daß es durchaus passend erscheint, sie als reine Instrumente zu bezeichnen.

Über die Definition des Werkzeuggebrauchs hat ohnehin nie große Einigkeit bestanden. Einige Forscher meinen, daß man nur dann von einem Werkzeug sprechen kann, wenn es als Erweiterung des Körpers verwendet wird. Damit wären jene Fälle ausgeschlossen, bei denen Vögel ihre Beutetiere auf Felsen fallen lassen. Doch eingeschlossen wären die Fälle, bei denen Steine auf die Beutetiere geworfen werden. Wir haben hier auf eine solche Unterscheidung verzichtet, den in beiden Fällen verwendet der Vogel Hilfsmittel, um an sein Ziel zu gelangen. Und was uns Menschen anbelangt, würde diese Unterscheidung bedeuten, daß der Hammer des Schmiedes ein Werkzeug ist, sein Amboß aber nicht.

Nistverhalten

Wenn ein Giraffenjunges auf die Welt kommt, ist es bereits 1,80 Meter groß. Die Mutter steht bei der Geburt, und das langbeinige Baby plumpst schwer zu Boden. Binnen weniger Sekunden rappelt es sich aber bereits auf und torkelt etwas staksig seiner Mutter hinterher. Sein Leben in der offenen Savanne Afrikas hat begonnen. Solche Tiere brauchen kein Nest, um ihre Jungen aufzuziehen. Die Geburt wird so lange hinausgezögert, bis das Junge in der Lage ist, zu laufen und sich selbst bei Gefahr zu schützen. Bei vielen anderen Arten sind die Jungtiere in den ersten Tagen ihres Lebens viel verwundbarer. Die Eltern müssen ein Nest vorbereiten, wenn ihre Jungen überleben sollen. Solche Nester gibt es in den unterschiedlichsten Formen und Größen, darunter wahre Wunder an Ingenieurs- und Baukunst.

Das klassische Nest – wie es uns allen sofort in den Sinn kommt – ist die schüssel- oder napfförmige Struktur, die von den meisten Vögeln verwendet wird. Eine solche hohle Halbkugel eignet sich besonders zur Aufnahme von Eiern, und der Elternvogel kann bequem auf seinem Gelege sitzen. Sein Nachteil liegt darin, daß es nicht besonders sicher vor Räubern ist, dafür hat der brütende Vogel aber einen guten Überblick über die Umgebung. Er sieht, wenn sich ein

Die Napfform ist typisch für viele Vogelnester. Sie hat den Nachteil, daß Jungtiere und Eltern – in diesem Fall Gimpel – deutlich zu erkennen sind. Dafür haben die erwachsenen Tiere aber auch rundum freie Sicht und können beim Brüten herannahende Feinde schon von weitem sehen.

Webervögel bauen Kuppelnester und hängen sie an Zweigen auf. Anfangs besteht ein solches Nest aus einem kreisförmigen Ring (oben links). Die Wände werden nachher eingeflochten (oben rechts).

Die asiatischen Schneidervögel (gegenüberliegende Seite oben) bauen sich unzugängliche Nester, indem sie große Blätter miteinander vernähen und das Innere mit weichen Fasern auspolstern.

Feind nähert, und kann sich in Sicherheit bringen – wenn auch oft erst im letzten Augenblick. Eine Weiterentwicklung ist das Kuppelnest. Es zeigt eine kugelige Form und hat einen seitlichen Eingang. Das Kuppelnest schützt die Bewohner vor Sonne, Regen und Kälte und vor den neugierigen Augen eines Räubers. Leider kann das brütende Elterntier aber auch nicht sehen, ob sich ein Räuber nähert, zum Beispiel eine Baumschlange. Ein Entkommen im letzten Augenblick ist also viel schwieriger.

Noch ausgeklügelter ist das Schlauchnest, das im Grunde genommen ein Kuppelnest mit einem langen, nach unten hängenden Eingangstunnel

ist. Wenn das Nest an einem Zweig oder Ast aufgehängt ist, finden Baumschlangen oder andere kletternde Raubtiere keinen Zugang mehr zur Nisthöhle. Ein Nachteil bei diesem Nest ist, daß der Bau sehr viel Zeit und Anstrengung kostet. Um das Nest zu flechten, müssen die Vögel den Schnabel und die Füße zu Hilfe nehmen. Das verlangt ganz spezielle Fertigkeiten. Diese finden wir bei den kleinen samenfressenden Webervögeln.

Die männlichen Webervögel beginnen damit, daß sie lange Streifen von hohen Gräsern abreißen. Dazu nehmen sie einen Halm fest in den Schnabel und fliegen schnell und abrupt in die Höhe. Zuerst nehmen sie nur die kräftigsten Halme und wickeln sie um eine Astgabel. Nach einige Flügen hängen die losen Enden der Blattstreifen in zwei getrennten Strängen nach unten. Der Vogel verbindet diese zu einem Kreis, der wie die Schaukel eines Käfigvogels aussieht. Damit ergibt sich sozusagen der Rohbau für das Nest. Der Vogel baut nun immer mehr Blattstränge ein, so daß sich schließlich die Kugelform des Nestes ergibt. Der Webervogel verwendet drei verschiedene Bindetechniken: verknoten, verflechten und verdrehen. Beim Verknoten hält er das Gras mit einem oder beiden Füßen fest und zieht, stößt und verdreht den Grasstreifen mit dem Schnabel. Der Webervogel kann Slipsteks, Überhandknoten und halbe Schläge knüpfen. Bei seiner Arbeit erinnert er an einen Handwerker, der einen Korb flicht. Der Webervogel kann auch nähen wie ein Schneider. Er führt dabei einen Blattstreifen von der Außen- nach der Innenseite des Nests und umgekehrt und verstärkt die Nestwand durch zusätzliche Schlaufen.

Die gesamte Nestbautätigkeit ist bei den Webervögeln Aufgabe des bunten Männchens. Die Weibchen mit ihrer unauffälligen Tarnfärbung tragen nichts dazu bei außer ein paar weichen Gräsern, mit denen sie das Nestinnere auspolstern. Jedes Männchen balzt vor dem Eingang seines Nests. Die Weibchen besuchen die Nester und wählen sich schließlich eines für die Eiablage aus. Nach der Begattung trennt sich das Paar wieder. Das Weibchen bleibt im Nest und zieht die Jungen auf, das Männchen zieht von dannen, um ein weiteres Nest zu bauen und vielleicht eine zweite Partnerin zu gewinnen. Wenn ihm das nicht gelingt, zerstört er sein Nest und beginnt wieder von neuem. Im Laufe der Brutzeit baut es oft viele verschiedene Nester.

Einige Webervögel bauen riesige Gemeinschaftsnester. Die Tiere tun sich zusammen und gehen bei der Arbeit ähnlich wie Dachdecker vor. Das Ergebnis ist eine Art großer Heuhaufen um eine Astgabel herum. Im Innern der Struktur baut jeder Vogel seine eigene Nisthöhle mit einem nach unten gerichteten Eingangstunnel. In einem solchen Gemeinschaftsnest kann es bis zu hundert Wohneinheiten geben. Dies sind die größten Bauten im Vogelbereich. Einige davon sind sechs mal vier mal einen Meter groß. Diese Wohnbauten gewähren den Bewohnern eine sehr große Sicherheit, haben aber eine entscheidende Schwäche: Nach heftigen Regenfällen können sie sich so mit Wasser vollsaugen, daß sie unter der Last ihres eigenen Gewichts zusammenbrechen und zu Boden fallen.

Es gibt noch viele weitere bemerkenswerte Nestformen im Vogelreich. In der Neuen Welt bauen die Pirole Hängenester ähnlich wie die Webervögel, doch mit einer zusätzlichen Raffinesse: Sie richten sie in der Nähe von Wespennestern ein, so daß Affen es nicht wagen, Eier und Junge zu plündern. In amerikanischen Wüstengebieten nistet der Elfenkauz oft in hohlen Riesenkakteen, die ihm fast absolute Sicherheit vor Feinden bieten. In Asien nähen die kleinen Schneidervögel die Seiten eines großen Blattes zusammen. Sie verwenden dazu verknotete Fasern, die sie durch eigens angefertigte Löcher an der Blattoberfläche ziehen. Ihre kleinen wohnlichen Nester legen sie dann im Innern dieses unzugänglichen Containers an.

Viele Vögel verwenden eine Art Zement, um die Neststruktur zu verstärken. Der Schlankschnabelnoddi baut sein flaches Nest nur aus schlüpfrigen Meeresalgen, befestigt diese aber an einem Ast mit seinem eigenen Kot. Die Stachelschwanzsegler haben einen derart klebrigen Speichel, daß sie unterhalb der Nisthöhle einen herabbhängenden Eingangstunnel damit anbringen können. Und die berühmten eßbaren Schwalbennester der Salanganen bestehen fast ausschließlich aus erhärtetem Speichel. Wer diese Suppe liebt, muß sich im klaren darüber sein, daß er eigentlich Vogelspeichel ißt.

Am erstaunlichsten ist vielleicht das Nest der Kapbeutelmeise. Sie baut ein scheinbar gewöhnliches Kuppelnest mit einem großen seitlichen Eingang. Es hängt von einem Zweig, ist gut gefertigt und erscheint

Soziale Webervögel bauen Gemeinschaftsnester. Diese stellen die absolut größten Nester im Vogelreich dar. Jedes »Apartmenthaus« hat bis zu hundert getrennte Eingänge, die nach unten gerichtet sind. Bisweilen werden diese Nester so groß, daß sie unter ihrem eigenen Gewicht zusammenbrechen, besonders wenn sie durch heftige Regenfälle sehr schwer geworden sind.

ziemlich sicher. Doch das Sicherheitssystem ist noch viel komplizierter, als man von außen vermuten möchte. Man erkennt es nur, wenn man ein solches Nest öffnet. Der große seitliche Eingang führt nämlich zu einer falschen, unbewohnten Höhle. Der richtige Eingang ist ein schmaler Schlitz, der gerade darüberliegt. Er schließt sich jedesmal wieder, sobald sich der Vogel hindurchgedrängt hat. Die wirkliche Nisthöhle liegt unter der falschen Höhle. Diese Konstruktion täuscht auch den intelligentesten Eierdieb.

Einige Vögel haben den Nestbau fast völlig aufgegeben und geben sich mit einer geeigneten flachen Mulde auf einem Ast oder einem Baumstumpf zufrieden, wo das Ei gelegt und unter Gefahren ausgebrütet wird. Der Baumsegler befestigt etwas Nistmaterial mit seinem klebrigen Speichel an einem Ast; es reicht gerade aus, um das einzige Ei am Wegrollen zu hindern. Während des Bebrütens muß sich das Elterntier dauernd am Ast festhalten. Das gleiche gilt für das Jungtier während der gesamten Nistphase. Ein Verwandter des einheimischen Ziegenmelkers geht in seiner Sparsamkeit sogar noch einen Schritt weiter. Er baut überhaupt kein Nest mehr, sondern wählt nur noch eine kleine Kerbe in einem Baumstamm aus und legt dort sein einziges Ei ab. Das hervorragend getarnte Elterntier bebrütet das Ei in steifer aufrechter Haltung und

Das bemerkenswerteste Vogelnest hat wohl die Kapbeutelmeise. Im Bild links oben sitzt der Vogel vor dem auffälligen, falschen Eingang, der gar nicht zu seiner Nisthöhle führt. Im Bild links unten erkennen wir hingegen, daß der Vogel einen ganz unscheinbaren Eingang benutzt, der über der sehr auffälligen Tunnelröhre liegt. Ein wesensmäßig ähnliches Konstruktionsprinzip wandten auch die ägyptischen Pharaonen beim Bau ihrer Grabkammern an.

Einige Vögel übernehmen gerne alter Nester anderer Arten. Der kleine amerikanische Elfenkauz nistet oft in verlassenen Spechthöhlen im Innern von Riesenkakteen (links).

sieht dabei einem alten abgestorbenen Aststück ähnlich. Auch der Jungvogel nimmt nach dem Schlüpfen diese Haltung ein.

Im Vergleich zu diesen nestbaufaulen Vögeln hat sich das australische Thermometerhuhn für das andere Extrem entschieden. Dieses richtet nämlich einen außerordentlich aufwendigen Brutapparat ein. Anstatt sich auf die Eier zu setzen, wie es die anderen Vögel tun, errichtet diese Art einen großen Haufen aus Pflanzenmaterial und vergräbt darin die Eier. Diese ungeheure Arbeit verrichtet das Männchen, und es ist damit von morgens bis abends beschäftigt. Es beginnt mit dem Aushub einer tiefen Grube. Dann scharrt der Vogel alle losen Blätter und Zweige aus einem Umkreis von 50 Metern in diese Grube. In deren Zentrum packt er alles aufeinander und bedeckt es mit Sand. Damit ist das Männchen Besitzer eines großen Komposthaufens geworden. Im Innern führt der organische Abbau zu einem jähen Temperaturanstieg. Nun kann das Weibchen seine Eier in der Mitte des Komposthaufens ablegen. Bei der Ablage jedes Eies überprüft das Männchen äußerst sorgfältig die Temperatur seines Komposthaufens, indem es seinen Kopf in den Sand steckt. Sind alle Eier gelegt, so ist seine Arbeit noch längst nicht beendet. Tatsächlich beginnt sie jetzt erst richtig, denn das Männchen muß dauernd die Temperatur des Komposthaufens überprüfen. Steigt sie zu sehr an, muß es etwas Sand wegscharren. Durch die Öffnung kann dann Wärme abziehen. Kühlen die Eier zu sehr aus, muß das Männchen die Temperatur erhöhen. Dazu entfernt es die obere

Sandschicht, läßt die Sonne darauf scheinen und häuft den Sand dann wieder möglichst nah bei den Eiern auf. Bis zum Ausschlüpfen der Eier ist das Männchen ständig mit der Temperaturkontrolle beschäftigt. Die Jungvögel müssen sich durch dicke Sand- und Kompostschichten ihren Weg nach außen bahnen. Draußen angekommen, sind sie dann völlig auf sich selber angewiesen, weil das Thermometerhuhn überhaupt keine Brutpflege mehr betreibt. Nachdem das Männchen tagelang geschufftet hat, ignoriert es nun völlig die Jungvögel, die ans Tageslicht kommen. Dasselbe gilt auch für die Mutter. Die Jungvögel fliehen geradezu vor ihren Eltern und halten sich im Unterwuchs verborgen. Werden sie von einem Räuber angegriffen, sind sie bereits im Alter von vier Stunden in der Lage, sich mit Schnäbeln und Krallen gegen einen Freßfeind zu verteidigen. Da sie nichts von ihren Eltern lernen können, muß das gesamte Brutverhalten mit dem Bau des Komposthaufens, der Überprüfung und Kontrolle der Temperatur angeboren sein. Das zeigt, wie subtil und raffiniert die Programmierung von Verhaltensmustern im Vogelgehirn sein kann.

Das Thermometerhuhn ist nicht das einzige Tier, das sich einen Brutapparat baut. Einen solchen finden wir erstaunlicherweise auch unter den Kriechtieren, beim riesigen Alligator. Hier baut das Weibchen das Kompostnest aus einer Mischung aus Schlamm und verrotteter Vegetation und legt in dessen Mitte die Eier ab. Während sich diese im Innern entwickeln, hält das Weibchen Wache und beschützt sie vor den ewig hungrigen Eierdieben wie den Waschbären. Nach dem Ausschlüpfen müssen sich auch die jungen Alligatoren selber den Weg an die Oberfläche bahnen. Und ebenso wie die Jungen des Thermometerhuhns müssen die jungen Alligatoren nach dem Schlüpfen allein für sich sorgen.

Der Komposthaufen des Alligators ist das einzige bemerkenswerte Reptiliennest. Viele Amphibien bauen jedoch Schlamm- oder Schaumnester, oft von erstaunlichen Ausmaßen. Viele Baumfrösche sitzen hoch oben auf Zweigen und schlagen mit einem Sekret ihrer Weibchen ein Schaumnest. Die Eier werden in dieses Nest gelegt. Die Kaulquappen schlüpfen darin und fallen dann zu Boden.

Andere Arten legen ihre Schaumnester über Wasserstellen an. Die

Kraterförmige, erhöhte Nester kennen ziemlich viele Vogelarten, darunter auch die Flamingos (unten). Die größten Nester dieser Art bauen aber die Thermometerhühner Australiens. Das Männchen dieser bemerkenswerten Art errichtet einen mächtigen Brutkasten, der viel Kompost enthält. Das Weibchen (oben links) legt seine Eier mitten in diesen Komposthaufen. Das Ausbrüten erfolgt dann mit Hilfe der Gärtemperatur. Das Männchen öffnet den Haufen jeden Tag, überprüft die Innentemperatur (oben rechts) und unternimmt Maßnahmen zur Regulierung.

Larven oder Jungfrösche fallen dann direkt ins Wasser. Und noch eine weitere Froschart baut auf dem Boden ein kreisrundes Schlammnest, das wie ein Ringwall funktioniert. Er verhindert, daß das Wasser ausläuft und das Nest eintrocknet. Die Paarung findet im Schlammnest statt, und auch die Kaulquappen entwickeln sich darin.

Unter den Fischen gibt es viele Arten, die ihre Eier in Höhlen ablaichen. Der beeindruckendste Bauherr ist der gewöhnliche Dreistachlige Stichling. Jedes Frühjahr bauen die Männchen aus Pflanzenteilen ein kleines Nest und bohren durch dessen Mitte einen Tunnel hindurch. Der Nestbesitzer geleitet dann ein paarungsbereites Weibchen zum Nest und animiert es, in den Tunnel hineinzuschwimmen. Im Nest legt das Weibchen die Eier ab und schwimmt sofort wieder davon. Das Männchen folgt ihr hinein, besamt die Eier und beginnt dann gleich mit der Brutpflege. Tag für Tag und völlig ohne Hilfe von seiten des Weibchens, verteidigt und repariert es sein Nest und hält es in Ordnung. Sein größtes Problem ist, dafür zu sorgen, daß die heranwachsenden Larven ausreichend Sauerstoff bekommen. Aus diesem Grund verbringt es jeden Tag mehrere Stunden vor dem Nesteingang und fächelt mit den Brustflossen einen Wasserstrom durch den Tunnel. Der Dreistachlige Stichling baut sein Nest auf dem Boden von Flüssen, während der Neunstachlige Stichling es an Unterwasservegetation aufhängt. In beiden Fällen sorgen klebrige Fäden, die das Männchen während

In einigen Gebieten leben Frösche, die Schaumnester in den Bäumen anlegen (links oben). Darin entwickeln sich die Eier zu Kaulquappen. Wenn diese herangewachsen sind (links unten), fallen sie zu Boden und müssen von nun an selber für sich sorgen.

Die Stichlinge bauen sich Nester aus Algenfäden und anderem Pflanzenmaterial. Der Dreistachlige Stichling legt das Nest auf dem Gewässerboden an und beschwert es mit Sand (oben). Zur Verankerung verwendet er ein klebriges Sekret. Der Zwergstichling (unten) baut sein Kuppelnest in der Vegetationsschicht. Bei beiden Arten sind nur die Männchen am Nestbau beteiligt.

des Baus ausscheidet, für die Verankerung.

Die größten Nestbauten der Tierwelt sind paradoxerweise unter den kleinsten Nestbauern zu finden, den Termiten. Für diese erstaunlichen Tiere ist das Nest ihre ganze Welt, ein dunkles, warmes, feuchtes, unterirdisches Königreich. Millionen von Individuen arbeiten unaufhörlich daran, eine Umwelt aufrechtzuerhalten, die so komplex aufgebaut ist, daß Weltraumstationen der Science-fiction im Vergleich dazu einfallslos und primitiv erscheinen.

Es gibt 2000 Termitenarten und viele unterschiedliche Nestbauten. Die komplexesten werden auf folgende Weise errichtet. Während der Regenzeit verlassen geflügelte Männchen und Weibchen die alten Termitennester und machen sich fliegend auf die Suche nach neuen Nistplätzen. Die meisten von ihnen fallen Insektenfressern zum Opfer. Die wenigen Überlebenden werfen schließlich ihre Flügel ab und bilden Paare. Je ein Paar baut sich eine Hochzeitskammer im Boden, und dort kommt es zur Begattung. Die beiden kümmern sich um die ersten Nachkommen. Sind diese aber so weit herangewachsen, daß sie den Grundstock einer neuen Kolonie bilden, werden die Rollen vertauscht: Die Nachkommen kümmern sich um die Eltern. Das Weibchen wächst und wächst und wird zu einer riesenhaften Eierfabrik. Auf dem Höhepunkt der Produktivität kann es bis 30 000 Eier am Tag legen. Die treuen Untertanen tragen diese Eier über kleine Tunnels in Brutkammern, die sie in der Nähe der zentralen Königskammer angelegt haben. Unter dauernder Pflege schlüpfen die Larven und beginnen zu wachsen. Die Nachkommen des königlichen Paares werden aber niemals geschlechtsreif. Nur der König und die Königin sind fortpflanzungsfähig. Alle übrigen Tiere – und eine Kolonie kann bis zu zehn Millionen umfassen – bleiben in einem frühen sexuellen Reifestadium stecken. Sie entwickeln sich zu Arbeitern oder Soldaten. Beide sind fast blind und zum Beispiel mit der Instandhaltung des Nestes beschäftigt. Die Arbeiter erweitern den Bau, sorgen für die Reinigung und Reparatur und sammeln Nahrung für das gesamte Nest. Die Soldaten haben große Kiefer und verteidigen das Nest gegen Feinde. (Das sind die Tiere, welche Schimpansen fangen, wenn sie mit einem Stöckchen in Gängen von Termitennestern herumstochern. Die Soldaten packen den vermeintlichen Eindringling mit den Kiefern und lassen sich leicht aus dem Nest herausziehen.) Es gibt auch Termiten in einer Art sexuellem Bereitschaftsdienst. Sie springen dann ein, wenn König und Königin sterben. In diesem Fall erreicht ein neues Paar die sexuelle Reife, damit die Kolonie weiterbestehen kann. Man weiß von einigen Termitennestern, die ein Jahrhundert überdauert haben.

Die Architektur des Termitennests ist außergewöhnlich. Ein großes Nest erreicht einen Durchmesser von dreißig Metern und eine Höhe von sechs Metern. Der größte Teil des Nestes befindet sich im Boden. Es gibt aber auch beeindruckende Hügel über der Bodenoberfläche. Sie bestehen aus einer Mischung aus Erde und Speichel und sind unglaublich hart und widerstandsfähig. Diese sichtbaren Termitenhügel haben in erster Linie die Funktion einer Klimaanlage. Im Inneren des großen Nestes soll nämlich eine möglichst konstante Temperatur und Luftfeuchtigkeit herrschen. Zu diesem Zweck befindet sich ein System von Hohlräumen im Innern der Hügel, damit verbrauchte, schlechte Luft aufsteigen und über winzige Löcher in der Oberfläche des Nestes abziehen kann.

Das Nest der australischen Kompaßtermite ist lang und flach und stets aus Gründen der Temperaturkontrolle in Nordsüdrichtung ange-

Die größten Nester der Welt bauen einige der kleinsten Nestbauer. Diese riesigen Termitennester können bis zu sechs Meter hoch werden. Während der Regenzeit entwickeln sich im Termitennest geflügelte Formen, die dann in großen Schwärmen ihre Nester verlassen (oben links). Die australische Kompaßtermite baut flache Nester, die fast stets in Nordsüdrichtung gebaut werden. Wenn man sie von ihrer Breitseite sieht, schauen sie wie Grabsteine auf einem verlassenen Friedhof aus (oben rechts).

legt. Am Morgen und am Nachmittag, wenn es verhältnismäßig kühl ist, fallen die Sonnenstrahlen auf die Breitseite des Nests und wärmen es auf. Während der Mittagshitze hingegen treffen die Sonnenstrahlen nur auf die Schmalseite des Termitenhügels, was eine Überhitzung verhindert.

Im Inneren jedes Termitennestes befindet sich ein komplexes System von Tunnels und Höhlungen. Um die Königskammer herum befinden sich Räume für die Larven und deren Aufzucht. Unterirdische Tunnel führen zu den Nahrungsquellen. Darüber legen einige Termitenarten besondere Pilzgärten an, wo die Arbeiter auf bestimmten Nährboden Pilze züchten, die ihnen als Nahrung dienen. Es gibt auch Vorratsspeicher, in denen Bruchstücke von Holz, Blättern und anderem Pflanzenmaterial aufbewahrt werden. Lange Tunnel führen hinab zum Grundwasserspiegel. Mit ihrer Hilfe regulieren die Termiten die Luftfeuchtigkeit im Bau. In der Tiefe finden sie auch den feuchten Lehm, den sie für den Bau von Wänden brauchen. Solche Tunnel können bis zu dreißig Meter tief in die Erde reichen.

Auf diese Weise schaffen sich die Termiten eine komplexe, straff organisierte und genauestens geregelte Umwelt, in der es vor Aktivität nur so wimmelt und die dabei völlig von der Außenwelt abgeschlossen ist. Nur gelegentlich und unter besonderen Bedingungen dürfen sich heranwachsende Nachkommen zu voller Geschlechtsreife entwickeln. Dann wird die Außenwand des Nestes aufgebrochen, und die geflügelten Geschlechtstiere fliegen in die feindliche Welt hinaus, um neue Termitenstaaten zu gründen. In den Tropen hat sich dieses Nestbausystem sehr bewährt, in den kühleren Gebieten der Nord- und Südhalbkugel aber nicht. Die ungeheure Arbeit, welche diese winzigen Insekten leisten, läßt sich am besten durch einen zahlenmäßigen Vergleich dokumentieren: In einem Fall stellten Bauleute aus dem Material eines einzigen Termitennestes 450 000 Ziegelsteine für den Bau von Häusern her.

Kein Lebewesen auf der ganzen Welt kann es an Fleiß mit den Termiten aufnehmen – vielleicht mit Ausnahme unserer eigenen Art. Im Vergleich zu Termitennestern sind Bienen- und Wespenstöcke ziemlich bescheiden, in ihrem komplexen Aufbau allerdings gleichermaßen faszinierend.

Die Stöcke der Honigbienen enthalten höchstens 80 000 Individuen. Das Kastensystem sieht ganz anders aus: Es gibt nur eine Königin, zu gewissen Zeiten ein paar hundert Drohnen, d.h. geschlechtsreife Männchen, und Tausende von Arbeiterinnen. Diese haben je nach Lebensalter unterschiedliche Pflichten. Zunächst putzen sie die Zellen. Dann füttern sie die Larven, entweder mit »Bienenmilch« aus besonderen Drüsen, später dann mit Honig und Pollen. Die »Bienenmilch«, das sogenannte Gelee royale, bekommen die Larven nur drei Tage lang, sofern sie sich zu Arbeitsbienen entwickeln sollen. Sollen aus ihnen hingegen junge Königinnen werden, so erhalten sie ständig Gelee royale, und ihre Entwicklung nimmt eine andere Richtung. Am Ende der Fütterungszeit widmen sich die Arbeiterinnen dem Bau weiterer sechseckiger Waben. Das Rohmaterial dazu erzeugen ihre Wachsdrüsen am Hinterleib. Nach dieser Zeit nehmen sie den Nektar und den Pollen in Empfang, den Außendienstarbeiterinnen zum Stock transportieren, und verstauen ihn in besonderen Vorratszellen. Ungefähr vier Tage lang halten die Arbeiterinnen dann Wache am Flugloch. Unerwünschte Eindringlinge werden gestochen. Schließlich übernehmen die Arbeiterinnen die letzte Aufgabe ihres höchstens 45 Tage währenden Lebens: Sie besuchen Blüten und sammeln Pollen und Nektar. Gelegentlich nehmen sie auch Harz mit, das für Reparaturarbeiten am Nest gebraucht wird.

Die sechseckigen Zellen liegen auf nach unten hängenden Waben. Wildbienen bauen mehrere Waben parallel nebeneinander in hohlen Bäumen oder anderen Höhlungen, wo sie ihre Nester gut gegen Feinde verteidigen können. Auch die Bienen müssen die Nesttemperatur konstant halten. Um eine Überhitzung zu vermeiden, begeben sie sich zum Flugloch und fächeln die warme Luft aus dem Stockinneren heraus. Damit kann kühlere Luft durch kleine Ritzen und Löcher ins Nest eindringen. Wenn dies noch nicht ausreicht, holen sie Wasser und versprühen es über die Waben. Dann sorgen sie durch Flügelschlagen für einen Luftzug und erzeugen durch den Verdunstungsprozeß eine Abkühlung.

Es mag zunächst verblüffend wirken, wie komplex und raffiniert die Insektenstaaten organisiert sind. Man kann sich kaum vorstellen, daß sie von so winzigen Gehirnen organisiert werden können, wie sie Termiten, Ameisen oder Bienen haben.

Die Forscher erfahren heute immer mehr über die Kontrollmechanismen in den Nestern der staatenbildenden Insekten. Meist

Wildbienen legen ihre Nester in hohlen Bäumen an. Finden sie keinen entsprechenden Hohlraum, hängen sie ihre senkrechten Waben im Freien an einem Ast auf.

spielt dabei die zeitlich beschränkte Produktion besonderer chemischer Stoffe eine Rolle. Ein Beispiel: Die Bienenkönigin produziert in ihren Mandibeldrüsen ein Pheromon mit dem exotischen Namen trans-9-keto-2-Decenolsäure. Mit diesem chemischen Stoff beherrscht sie das ganze Nest, denn er verhindert die geschlechtliche Reifung bei den Arbeitsbienen. Würde die Königin diesen Stoff nicht abgeben, so käme es zu einem Chaos. Mit zunehmendem Alter der Königin wird das chemische Signal schwächer. Das führt zu einem neuen Verhalten bei den Arbeiterinnen. Diese beginnen nämlich mit dem Bau von Weiselzellen und ziehen darin neue Königinnen heran, von denen eine schließlich das Nest übernehmen wird. Auch wenn der Bienenstock zu groß wird, kann die Königin nicht mehr die sexuelle Entwicklung aller anderen Tiere unterdrücken. Mit demselben Ergebnis: Die Arbeiterinnen bauen Weiselzellen, und daraus schlüpfen neue Königinnen, von denen viele am Ende davonfliegen, um neue Kolonien zu gründen.

Brutpflege

Keine Art kümmert sich so lang und so intensiv um ihre Nachkommen wie der Mensch. In dieser Hinsicht sind wir unübertroffen. Viele Tiere treiben während der Fortpflanzungszeit aber eine sehr aktive Brutpflege. Daran können Vater und Mutter beteiligt sein. Sie reinigen ihre Nachkommen, geben ihnen zu fressen, transportieren sie von Ort zu Ort, verteidigen sie gegen Feinde, passen auf, daß sie sich nicht zu sehr abkühlen oder zu sehr erhitzen, sorgen für Sauerstoffnachschub und ermuntern sie, ihre Umwelt kennenzulernen. Keine Tierart tut dies alles, doch viele kümmern sich wenigstens um einige dieser Aspekte. Fast alle Vögel und Säuger, viele Fische und einige Reptilien, Amphibien und niedrigere Tierformen kennen mindestens eine gewisse Form der Brutpflege.

Eine der ersten Handlungen der Brutpflege ist das Putzen der Jungtiere, besonders junger Säuger. Nach der Geburt werden sie von der Mutter fast immer abgeleckt, dabei genau untersucht und total von den Embryonalhäuten befreit. Oftmals frißt die Mutter diese Häute zusammen mit dem Mutterkuchen (Plazenta). Sie beißt auch die Nabelschnur durch und verschlingt sie. Besondere Aufmerksamkeit richtet die Mutter auf die Schnauze des Jungtiers. Damit sorgt sie dafür,

Als erstes säubern die Eltern ihre neugeborenen Jungen. Bei den Säugern bedeutet dies, daß die Mutter die Eihäute und oft auch die Plazenta auffrißt und das Neugeborene so trockenleckt. Das tun sogar Pflanzenfresser wie dieser Springbock.

In Ruhephasen verbringen Affeneltern (oben links) einen großen Teil ihrer Zeit mit der Fellpflege des Jungen. Das Junge wird dabei nicht nur sauber gehalten, sondern wird auch stärker in die Gruppe integriert. Auch Löwinnen (oben rechts) sind aufmerksame Mütter, besonders wenn sich die Jungen beim Spielen schmutzig gemacht haben.

daß die Atmung ihres Kindes in Gang kommt. Durch dauerndes Lecken trocknet die Mutter ihr Kind ab und verhindert in kälteren Gebieten eine Unterkühlung. Auch das Ablecken der Analregion ist bei vielen Arten wesentlich, bei denen das Jungtier gleich Kot und Urin abgeben muß. Die Neugeborenen können ihre Abfallstoffe nämlich nicht ohne diese Form der Stimulation loswerden. Während der ersten Lebenstage der Jungen frißt die Mutter oft auch deren Ausscheidungen. Auf diese Weise hält sie das Lager sauber und verhindert die Entstehung von Gerüchen, die Räuber anlocken können.

Das Reinigen der Jungtiere dient aber darüber hinaus auch dem Zweck, daß sich die Mutter die Eigenheiten ihrer Jungen einprägt. Anhand des persönlichen Duftes kann sie ihre Nachkommen unterscheiden. Untersuchungen an Schafen und Ziegen haben gezeigt, wie lange es dauert, bis eine Mutter ein neugeborenes Lamm oder Zicklein kennt. Bei den Schafen muß es die Mutter zwanzig Minuten lang reinigen und beschnüffeln, bei den Ziegen nicht länger als fünf bis zehn Minuten. Läßt man der Mutter weniger Zeit als angegeben, sich um ihr Kind zu kümmern, nimmt sie leicht ein Ersatzbaby an. Nach der kritischen Zeit akzeptiert sie nur noch ihr eigenes Kind. Außer am persönlichen Geruch erkennt sie es auch an seinem Rufen und am Aussehen.

Viele Säugermütter reinigen ihr Jungtier während der ganzen Entwicklung. Vor allem Affen verbringen viel Zeit mit der Fellpflege ihrer Jungen. Sie entfernen dabei Schmutz und abgeschilferte Hautstückchen. Durch diese Fellpflege wird die Bindung zwischen Elterntier und Kind verstärkt.

Vögel haben besondere Probleme mit der Reinhaltung des Nestes. Besonders wichtig wird sie, wenn die Nestlinge viel fressen. Dabei kommt den Eltern eine besondere Form der Kotentleerung zu Hilfe. Die Nestlinge produzieren nämlich Kot, der von einem Säckchen umhüllt ist. Die Eltern entfernen ihn, sobald er am After des Jungtiers sichtbar wird. Sie fliegen mit dem Kot im Schnabel weg und lassen ihn in einiger Entfernung vom Nest fallen. Wüstenbewohnende Vögel müssen sich hier nicht so viel Mühe machen, denn ihr Kot ist zur Verhinderung von Wasserverlusten so trocken, daß er an einer Stelle des Nestes gestapelt werden kann.

Das Hauptproblem für alle Eltern ist die Beschaffung des Futters für ihre schnellwüchsigen Jungen. Für Vögel kann dies über hundert Versorgungsflüge am Tag bedeuten. In dieser Phase scheinen die Nestlinge kaum mehr als weit aufgerissene Schnäbel mit einem Magen daran zu sein. Um sicherzugehen, daß in diese Schnäbel wiederholt genügend Nahrung gestopft wird, weisen die Nestlinge vieler Arten lebhafte Zeichnungen im Ra-

Viele Kleinvögel wie diese Singdrossel halten ihr Nest sauber, indem sie den Kot der Jungen entfernen. Die Exkremente befinden sich in einem gelatinösen Säckchen, das die Aufgabe der Eltern erleichtert. Die Eltern nehmen den Kotsack in den Schnabel, fliegen weg und lassen ihn in einiger Entfernung vom Nest fallen.

chen auf. Einige zeigen bunte Farben, andere schwarze Flecken und Streifen, und wieder andere haben an den Schnabelwinkeln auffällige Schwellungen. Sobald die Nestlinge eine Erschütterung des Nestes wahrnehmen, strecken sie ihre Hälse steif nach oben und reißen ihre Schnäbel auf, so weit es geht. Dieses Signal wirkt auf die hart arbeitenden Eltern so stark, daß sie gelegentlich einen Fehler machen. Sie reagieren dann ganz allgemein auf einen aufgesperrten Mund und stopfen einfach Nahrung hinein. Es gibt ein berühmtes Foto von einem kleinen Finken, der einen Schnabel voll Insekten in den offenen Mund eines

Jungvögel wie die Grünlinge sperren sofort den Schnabel auf, sobald ein erwachsener Vogel auf dem Nestrand landet. Der Anblick dieser offenen Schnäbel stimuliert die Eltern so stark, daß sie praktisch den ganzen Tag auf Futtersuche für ihre hungrigen Mäuler zu Hause unterwegs sind.

Die Eltern einiger Vogelarten verschlucken die Nahrung, die sie für ihre Jungtiere sammeln und beginnen mit der Vorverdauung. Zurück am Nest, würgen sie die halbverdaute Nahrung für ihre Nestlinge wieder hervor. Diese Art der Fütterung ist häufig bei Seevögeln wie den Albatrossen (oben). Auch einige Säuger würgen Nahrung für ihre Jungen wieder hervor. Dieser erwachsene Hyänenhund (Mitte) übergibt den Jungtieren halbverdautes Fleisch. Die Jungen teilen sich die Nahrungsbrocken. Es kommen alle zum Zuge, auch die nicht verwandten. Tauben (unten) produzieren eine besondere Kropfmilch für ihre Nestlinge. Sie wird von den Wänden des Kropfes ausgeschieden.

Goldfisches in einem Zierteich stopft. Der Fisch war es gewohnt, von seinen Besitzern gefüttert zu werden. Er nahm den Schatten des Vogel wahr, steckte seinen Mund aus dem Wasser und erhielt eine Mahlzeit von unerwarteter Seite. Als der Vogel den offenen Mund sah, konnte er einfach nicht widerstehen.

Große Seevögel helfen ihren Nestlingen bei der Verdauung der Nahrung, indem sie ihnen den ersten Teil der Arbeit abnehmen. Sie fangen einen Fisch, schlucken ihn, verdauen ihn halb und würgen ihn dann als warme Fischsuppe wieder hervor. Das Jungtier bettelt um Nahrung, indem es an den Schnabel des Elterntiers pickt, der oft besondere Zeichen aufweist. Die Heringsmöwe beispielsweise hat auf dem Schnabel einen roten Fleck, der als Signal dient: »Hier gibt es Futter.«

Wenn man dem Küken einer Heringsmöwe einen roten Fleck am Ende eines langen Drahtstücks präsentiert, findet es diese Attrappe aufregender als ein realistisches Modell einer Möwe, der einzig und allein dieser rote Fleck fehlt.

Vögel, die in trockenwarmen Gebieten leben, zum Beispiel Rabengeier, nehmen Wasser in den Mund auf und fliegen damit zum Nest zurück, um den Durst der Jungen zu löschen. Tauben füttern ihre Jungen mit ihrer einzigartigen Kropfmilch. Die Auskleidung ihres Kropfes schwillt so sehr an, daß die Zellen platzen und eine weiße Flüssigkeit freigeben. Die Jungvögel stecken dann ihre Köpfe in den Schlund der Eltern und saugen die Kropfmilch auf.

Die Säugetierjungen bekommen ihre Milch natürlich von der Mutter, und das führte dazu, daß die Hauptlast der Brutpflege im Laufe der Evolution auf die Mutter übertragen wurde. Schon von den ersten Tagen an stellt das Saugen an den Zitzen oder Brustwarzen der Mutter das Zentrum des kindlichen Lebens dar. Zwischen den einzelnen Arten gibt es jedoch beträchtliche Unterschiede. Bei Hunden und einigen anderen Tieren gilt das Prinzip: Wer zuerst kommt, mahlt zuerst. Bei Arten mit scharfen Krallen, wie den Katzen, ist das Risiko jedoch zu groß, daß die Mutter verletzt wird, wenn sich ihre Jungen um einen Platz an der Futterquelle streiten. Bei solchen Arten hat jedes Junge seine eigene Zitze; es erkennt sie an ihrem besonderen Geruch, den es selbst durch das Saugen mitgeprägt hat.

Auch bei den Ferkeln gibt es eine feste Saugordnung, bei ihnen jedoch aus einem anderen Grund. Die Zitzen, die dem Kopf der Mutter am nächsten liegen, liefern die beste Milch, und die erstgeborenen Ferkel suchen sich instinktiv die vordersten Zitzen. Die nachfolgenden Ferkel legen sich in der Reihenfolge ihrer Geburt an die nächste freie Zitze. Diese Ordnung wird von nun an so fest beibehalten, daß man den Kleinen die Buchstaben eines Wortes auf den Rücken malen kann, und jedesmal, wenn sie sich zum Saugen an der Mutter drängeln, kann man dieses Wort ohne Buchstabenvertauschung lesen.

Die meisten Muttertiere lassen nur die eigenen Jungen saugen. Einige Arten sind großzügiger und lassen alle Jungtiere zu. Bei den Hyänenhunden kann man oft ein einzelnes Weibchen inmitten eines Schwarms

Alle Säugetiere geben ihren Jungen Milch zu trinken. Durch das Säugen werden nicht nur die Kinder satt, sondern aufgrund des intimen Körperkontakts verstärken sich auch die Bindungen zwischen Mutter und Kind. Die Milch ist ein vollständiges Nahrungsmittel für die Nachkommen. Ihre chemische Zusammensetzung schwankt allerdings von Art zu Art. Der Fettgehalt der Milch von Affen wie dieses Makakenweibchens (oben rechts) liegt unter drei Prozent. Beim Menschen liegt er bei ungefähr vier Prozent, und Katzen wie diese Löwin (oben links) kommen auf über sechs Prozent. Die fettreichste Milch ist allerdings die der Robben. Bei der Sattelrobbe enthält sie circa 43 Prozent Fett.

Rechts: Dieser afrikanische Schuhschnabel trägt Wasser im Schnabel zum Nest zurück und bespritzt damit sein Junges.

von Jungtieren sehen, die sich um eine Mahlzeit balgen. Von einem bestimmten Alter an werden diese Jungtiere gemeinsam entwöhnt. Wenn die erwachsenen Tiere von der Jagd zurückkehren, würgen sie für alle Jungtiere ungeachtet ihrer Verwandtschaft halbverdaute Fleischbrocken hervor. Ein stark ausgeprägt soziales Verhalten ist aber selten.

Skorpionmütter schützen ihre Jungen, indem sie sie auf dem Rücken mit sich herumtragen (oben). Nach ein paar Tagen verlassen die Jungen ihre Mutter und sorgen selbst für sich. Auch einige Spinnenmütter (links) tragen ihre Jungen vorerst mit sich herum. Ansonsten ist die Brutpflege bei den wirbellosen Tieren nicht sehr verbreitet.

Bei Gefahr versuchen die Eltern einiger Arten, den Feind abzulenken und vom Nest fortzulocken, während die Jungen ganz ruhig in ihrem Versteck ausharren. Bei Bedarf bringen die Elterntiere ihre Jungen auch in Sicherheit. Die eigenen Jungen mit sich herumzutragen, ist eine Form der Brutpflege, die es auch bei einigen wirbellosen Tieren gibt, etwa bei den Skorpionen und einigen Spinnen. Der Rücken solcher Weibchen ist manchmal von einem ganzen Schwarm von Jungtieren völlig zugedeckt. Die Skorpionmutter hält ihre Scheren so, daß die neugeborenen Jungen mit deren Hilfe auf ihren Rücken klettern können. Dort angekommen, klammern sich die Skorpionbabys mit ihren Scheren und den Krallen ihrer Gliedmaßen fest. Dicht an dicht reiten sie mehrere Tage lang auf dem Rücken ihrer Mutter. Fallen sie versehentlich herunter, hält die Mutter sofort inne und suchte ihre Jungen. Dann wartet sie, bis die Kleinen wieder auf ihren Rücken geklettert sind.

Viele Fischarten beschützen ihre Jungen, indem sie sie in den Mund nehmen. Beim ersten Anzeichen von Gefahr sperrt das Elterntier das Maul auf, und die winzigen Fischlein flüchten sich hinein. Die Kiefer schnappen dann zu und bleiben geschlossen, bis die Gefahr vorüber ist. Dann können die Jungfische wieder auf Futtersuche gehen.

Unter den Vögeln gibt es kaum Arten, die ihre Jungen transportieren. Es gibt allerdings Berichte, daß Ziegenmelker und Waldschnepfen ihre Küken während des Fluges fest zwischen den Beinen hielten. In der Regel werden die Jungen gerufen und folgen den Eltern. Enten kann man oft in einer Einerkolonne beobachten. Die Mutter geht voran, und die Küken folgen ihr. Die Grundlage für dieses Verhalten ist ein frühes Lernen, das wir Prägung nennen. Das erste, was ein Küken kurz nach dem Schlüpfen sieht, wird für dieses seine »Mutter«, selbst wenn es sich durch Zufall um einen Menschen, einen Hund oder sogar einen orangefarbenen Ballon handelt. Solange der Gegenstand groß ist und sich bewegt, akzeptieren die Küken ihn als Mutter, der sie folgen müssen. Ein berühmter österreichischer Naturforscher hatte dadurch einmal Probleme. Er hatte einige Enten auf sich geprägt und sie folgten ihm, wohin er auch ging. Einmal legte er sich auf einer Wiese schlafen und nahm an, sei seien ganz in der Nähe. Als er wieder aufwachte und sich aufrichtete, konnte er die

Die meisten Frösche laichen ins Wasser ab und überlassen die Eier dann ihrem eigenen Schicksal. Nur wenige tragen sie auf dem Rücken mit sich herum. Die Larven, die aus den Eiern schlüpfen, lassen sich dann ebenfalls von den Eltern herumtragen, wie von diesem Baumfrosch in Trinidad.

Küken nirgendwo sehen. Dann entdeckte er sie: Die Küken waren ihm so eng gefolgt, daß er sie alle erdrückt hatte. Wo er so friedlich geschlafen hatte, lagen die Kleinen tot aufgereiht. So kann es einem ergehen, wenn man sich die falschen Eltern aussucht.

Säugetiere tragen ihre Jungen auf verschiedene Arten mit sich herum. Am häufigsten packen sie ihre Jungen mit den Kiefern an der Nackenhaut und heben sie hoch. Die Jungen reagieren darauf, indem sie sich extrem ruhig verhalten und sich nicht wehren. Bei einer Störung sucht die Katzenmutter erst ein neues Lager und transportiert ihre Jungen dann nacheinander dorthin. Dabei zeigt sich, daß Katzen nicht zählen können, denn die Mutter macht immer einen Gang zuviel, um sicherzugehen, daß sie kein Junges vergessen hat.

Bärenmütter haben eine Transportmethode, die äußerst gefährlich aussieht. Sie nehmen dabei den ganzen Kopf des Jungen ins Maul. Der restliche Körper hängt schlaff herunter. Die Bärenmutter packt das Junge jedoch so vorsichtig, daß ihm nichts geschieht. Einige Nagetiere tragen ihre Kinder, indem sie sie mit den Zähnen an der Bauchhaut packen. Junge Spitzmäuse bilden bei ihrer Wanderung eine merkwürdige Karawane: Jede packt den Schwanz des »Vordermannes« mit den Zähnen. Ganz vorne geht natürlich die Mutter.

Ameisenbären tragen ihre Jungen meistens mit sich auf dem Rücken. Das Schuppentier-Junge hingegen reitet auf dem Schwanz der Mutter. Das Kind des Faultiers klammert sich am Bauch der Mutter fest. Einige Buschratten und Wühlmäuse haben ein simpleres Transportsystem. Wenn die Mutter vor einem Feind flieht, hält sich das Jungtier einfach an einer Zitze fest. Dabei wird es unter mächtigem Holpern am Bauch mitgeschleift. Das sieht in unseren Augen sehr gefährlich aus, doch die Zähne und die Zitzen dieser Art sind an diese Transportmethode angepaßt, so daß dabei kein Blut fließt.

Auf alten Stichen und Zeichnungen tragen Opossumweibchen ihre

---

Viele Säuger tragen ihre Jungen auf dem Rücken. Diese halten sich im Fell der Mutter fest. Auf der gegenüberliegenden Seite oben ein Ameisenbär oder Tamandua, unten ein Pavian.

Gegenüberliegende Seite, oben links: Bei der Geburt sind die Beuteltiere nur wenig größer als Embryonen. In diesem sehr frühen Stadium müssen sie aber bereits zum Beutel krabbeln und sich dort an der Zitze der Mutter festsaugen. Anders ist das Überleben nicht möglich. Bis zwei Monate lang bleiben sie mit der Zitze sozusagen verwachsen. Erst dann können sie den Beutel verlassen.

Wenn sich die Jungen nicht am Körper des Weibchens festhalten können, müssen die Eltern auf andere Transportmöglichkeiten zurückgreifen. Ratten (gegenüberliegende Seiten oben rechts) und Löwen (gegenüberliegende Seite unten) halten ihre Jungen sachte, aber entschieden mit ihren Kiefern fest. Die Jungen reagieren auf den Nackenbiß mit Bewegungslosigkeit.

Unten: Gänse- und Enteneltern müssen sicher sein, daß ihre Jungen ihnen nachfolgen. Auf andere Weise können sie ihre Küken nicht transportieren. Die Jungtiere sind aber sehr aufmerksam und folgen aufgrund einer frühkindlichen Prägung ihren Eltern überallhin.

Jungen so, daß sie von ihrem Schwanz herabhängen. Die kleinen Greifschwänze ringeln sich dabei um den Schwanz der Mutter, den sie über ihrem Rücken trägt. Tatsächlich scheint dies eher die Ausnahme als die Regel zu sein. Die Jungen lassen sich jedoch gerne von ihrer Mutter auf dem Rücken herumtragen. Und vermutlich schätzt sie das nicht allzusehr, denn ihre Kinder tun dies auch noch, wenn sie schon fast erwachsen sind.

Ähnlich unbehaglich müssen sich wohl auch viele Beuteltiere fühlen, zum Beispiel Känguruhs und Wallabys, wenn ihre Jungen wieder in den gemütlichen Beutel hüpfen wollen, obwohl sie schon fast ausgewachsen sind. Eigentlich überraschend, daß die Mutter sich das so lange gefallen läßt. Offensichtlich ist sie aber extrem tolerant gegenüber ihrem Nachwuchs.

Bei den Affen klammern sich die Jungen, so gut sie können, am Fell der Mutter fest. Das geht sogar dann noch gut, wenn die Eltern weite Sprünge hoch oben in den Bäumen machen. In ruhigeren Momenten dürfen die Babys eigene Klettererfahrungen sammeln. Die Mütter passen aber gut auf und packen ihre Jungen beim geringsten Anzeichen von Gefahr. Manche Affeneltern biegen Zweige zusammen, damit ihre Jungen von einem Baum zum anderen klettern können. Es gibt sogar Berichte von Forschern, daß Affen mit ihrem Körper eine Brücke bauten, auf der die Jungen hinüberkamen.

Viele Vogel- und Säugereltern sind sehr darauf bedacht, daß es ihren Sprößlingen weder zu heiß noch zu kalt wird. Von einigen Bodenbrütern in warmen Regionen weiß man, daß sie im Schnabel Wasser holen und dieses über ihre Jungen gießen, um sie abzukühlen. Einige Vogeleltern spreizen ihre Flügel ab, um ihrem Nachwuchs so Schatten zu spenden, auch wenn sie selbst sehr dabei leiden.

Fische dagegen müssen eher für ausreichende Sauerstoffzufuhr sorgen. Nestbauende Arten verbringen oft Stunden damit, ihrer Brut frisches Wasser zuzufächeln. Dazu verwenden sie meistens ihre Brustflossen. Andere gurgeln mit den Jungen im Maul, um die Brut mit Frischwasser zu versorgen.

Es wird oft behauptet, Tiereltern würden ihren Jungen etwas beibringen. Das ist nicht ganz richtig. Beweise für direkten Unterricht gibt

Fischeltern müssen dafür sorgen, daß ihr Laich genügend sauerstoffreiches Wasser bekommt. Viele fächeln deswegen ihrem Gelege mit den Flossen Frischwasser zu wie etwa dieser Buntbarsch.

es nicht, die Eltern ermuntert ihre heranwachsenden Jungen eher dazu, ihnen Gesellschaft zu leisten und sie bei der Nahrungsaufnahme und anderen grundlegenden Verhaltensweisen zu beobachten. Die Jungen lernen durch das Beispiel, und gelegentlich werden sie auch bestraft, wenn sie etwas Gefährliches unternehmen. Das kommt einem richtigen Unterricht schon sehr nahe.

Einer der wichtigsten, wenn auch scheinbar simpelsten Lernprozesse findet in der frühesten Kindheit der Jungtiere statt. Er ist für eine er-

Die wohl schwierigste Aufgabe in der Vogelwelt hat der brütende Strauß (gegenüberliegende Seite oben). Hier versucht ein Männchen ohne Erfolg, die großen Eiermengen zu bebrüten, die mehrere Weibchen gelegt haben. Die Eier am Rand des Geleges werden nicht richtig gewärmt und sind auch Räubern am stärksten ausgesetzt. Seit kurzem weiß man, daß die Weibchen ihre eigenen Eier erkennen. Die einen helfen den Männchen beim Ausbrüten, die anderen nicht. Die brütenden Weibchen achten darauf, daß ihre eigenen Eier in der Mitte des Nestes liegen. Die Eier nichtbrütender Weibchen werden an den Rand gedrängt. Daß nichtbrütende Weibchen ihre Eier zum Gelege dazulegen dürfen, hat durchaus auch einen Vorteil. Diese peripheren Eier schützen die inneren Eier, indem sie Eierdieben leichter zugänglich sind.

Gegenüberliegende Seite unten: Brennt die Sonne zu heiß, so breitet der Habichtadler seine Flügel aus, um seine Jungen vor der Hitze zu schützen.

folgreiche Aufzucht der Jungen entscheidend. Es handelt sich um den scheinbar einfachen Vorgang, wie Jungen ihre Eltern wiedererkennen. Wie bereits erwähnt, kann in einem frühen Entwicklungsstadium eine Prägung stattfinden. In dieser kurzen sensiblen Phase werden die Eltern und die Jungen irreversibel aufeinander fixiert. Für diese Bindung ist Körpernähe wichtig, und räumliche Trennung verursacht heftiges Unbehagen.

Für das Funktionieren einer engen Beziehung ist gegenseitige Identifikation sehr wichtig. Es handelt sich dabei also nicht allein darum, ein Tier als zu einer bestimmten Art zugehörig zu erkennen, sondern auch dessen spezifische persönliche Merkmale. Je mehr Zeit ein Jungtier mit seinen Eltern verbringt, desto mehr gewöhnt es sich nicht nur an Anblick, Geruch und Lautäußerungen der eigenen Art, sondern nimmt auch individuelle Unterschiede wahr. Beide Lernprozesse sind für das spätere Leben äußerst wichtig. Sorgfältige Untersuchungen an Schwänen haben gezeigt, wie dies vor sich geht.

Die dunklen Flecken auf den Schnäbeln von Jungschwänen sind immer der Schnabelzeichnung ihrer Eltern ziemlich ähnlich. Bei der Partnerwahl achten die Jungschwäne stets darauf, daß ihr Partner möglichst andere Schnabelzeichnungen aufweist, dabei natürlich aber der eigenen Art angehört. Sie bevorzugen aber so häufig Partner, die ihren Eltern nicht ähnlich sehen, daß es sich dabei nicht um Zufall handeln kann. Das frühkindliche Lernen verhindert bei der Art also Inzucht.

Mit anderen Worten: Die Jungtiere lernen, wie ihre Eltern bis ins kleinste Detail aussehen. Sie speichern dies in ihrem Gedächtnis und reagieren als erwachsene Tiere sexuell auf Individuen, die ihren Eltern zwar ähnlich sehen, aber nicht gleichen. Die Prägung ist daher ein doppelter Prozeß – teils positiv, teils negativ. Der positive Teil bewirkt, daß die Jungtiere während ihrer Kindheit bei den Eltern bleiben, der negative Teil, daß sie sich im Erwachsenenalter nicht mit nahen Verwandten paaren.

Beim Menschen sprechen wir von einem Inzesttabu und halten das

Jungtiere brauchen viel Ruhe. Eltern müssen dabei stets ein wachsames Auge haben. Selbst große Raubtiere wie diese Geparde müssen auf ihre verwundbaren Jungen gut aufpassen. Gepardjunge fallen leicht Löwen zum Opfer, und die Mütter haben es oft schwer, ihre langsamen Jungtiere zu verteidigen.

für eine kulturelle Erfindung. Tatsächlich wurzelt dieses Verhalten viel tiefer und wir haben es mit vielen Tierarten gemeinsam. Meistens kümmern sich Eltern nicht um Kinder, die nicht ihre eigenen sind oder sie greifen sie sogar an, wenn deren echte Eltern getötet wurden, und sie noch hilflos sind. Manchmal helfen Ammen oder Tanten aus und ziehen Jungtiere groß, die sie selber nicht auf die Welt gebracht haben. Für gewöhnlich kommt dies aber nur in Gruppen mit enger sozialer Bindung vor. Wenn das Männchen einer Gruppe gestorben ist, ignoriert das neue Leittier die Nachkommen des alten Männchens oder tötet sie sogar und frißt sie auf. Damit verhindert es nicht nur den Fortbestand der Gene seines Vorgängers, sondern tut auch alles, um seinen eigenen Genen zum Durchbruch zu verhelfen.

Eine überraschende Ausnahme von dieser Regel wurde bei einem Anemonenfisch beobachtet. Wenn ein Männchen, das seinen Laich beaufsichtigt, getötet wird, so übernimmt ein Neuankömmling die Pflichten als Vater und verwendet auf das Gelege des Vorgängers genausoviel Energie wie für sein eigenes Gelege. In genetischer Hinsicht macht dies keinen Sinn. Weitere Forschungen haben aber gezeigt, daß die Partnerin des ersten Männchens den Neuankömmling nicht tolerieren würde, wenn er sich dieser Pflicht entzöge. Erst wenn sich das Männchen um die Eier zu kümmern beginnt, wird es vom Weibchen akzeptiert. Erst muß er die fremden Eier pflegen, dann kann er sich um eigenen Laich kümmern. Dieser kurzfristige Altruismus führt zu einem langfristigen Vorteil. Das System funktioniert allerdings nur bei ungewöhnlich aggressiven Weibchen.

Spielverhalten

Spielverhalten kommt nur bei höheren Lebensformen vor. Bei Wirbellosen, Amphibien und Reptilien ist es überhaupt nicht zu beobachten, und bei Vögeln ist es selten. Die Berichte über spielende Fische beruhen auf Mißverständnissen. Man hat tatsächlich beobachtet, wie Fische über treibende Holzstückchen springen und sich dabei wie spielerisch bewegen. In Wirklichkeit versuchen sie jedoch, Hautparasiten zu entfernen. Nur bei Säugetieren tritt das Spielen häufig auf. Und selbst hier sind komplexe Spiele auf die Raubtiere und die Affen beschränkt. Die Spiele der Huftiere bestehen normalerweise nur aus gelegentlichem, explosivem Fluchtverhalten. Raubtiere und Affen hingegen zeigen vielfältige Spiele und verbringen in ihrer Kindheit jeden Tag längere Zeit damit.

Es gibt im wesentlichen drei Arten des Spielens: das akrobatische Spiel, das erforschende Spiel und das soziale Spiel. Beim akrobatischen Spiel führt das Tier wilde gymnastische Bewegungen durch, wobei alle seine Muskeln beansprucht werden. Dazu gehören Springen, Hüpfen, Gleiten, Rutschen, sich Rollen, Drehen und Verdrehen, Laufen und sogar Purzelbäume. Ein Jungtier probiert erst eine bestimmte Bewegung aus und wiederholt sie dann endlos, bis sich oft durch Zufall eine Variation einschleicht. Diese wird aufgenommen, weitergeübt und ausgebaut, bis daraus eine völlig neue Übung entstanden ist. Das Tier erforscht dabei auch seine Grenzen, bis es sich weh tut und innehält. Dann macht es ein anderes Spiel und versucht auch dessen Grenzen möglichst weit zu stecken.

Mehrere wichtige Merkmale des Spielens werden hier deutlich: Risikobereitschaft, Energieverbrauch, Festlegen und Variation eines Themas. Im Spiel versucht das Jungtier die Grenzen seiner physischen Fähigkeiten zu erkunden. Und dabei lernt es auch seine eigenen Schwächen kennen.

Beim erforschenden Spiel werden Gegenstände untersucht und überprüft. Das Jungtier packt sie und läßt sie wieder fallen, beißt, schlägt und rollt sie, jongliert mit ihnen, wirft sie weg und setzt ihnen dann nach, fängt und »tötet« sie. Selbst wenn sie eßbar sind, werden sie doch nicht verspeist. Ihr Wert liegt in ihrer Eignung für erfindungsreiche Handhabung.

Beim sozialen Spiel kommt es zu übertriebenen Interaktionen mit Gefährten. Die Tiere fliehen voreinander, jagen einander, kämpfen miteinander, paaren sich und töten einander auf unrealistische Weise. Beim Kampf wird niemand verletzt, bei der Paarung kommt es nicht zu sexuellen Akten, und das Erlegen des Beutetiers ist nur vorgetäuscht. Die jungen Tiere lernen, wie sich ihre Artgenossen anfühlen, die Geschwister oder Eltern sind, und erforschen auch hier die Grenzen des eigenen Körpers.

Der Unterschied zwischen spielerischem Verhalten mit all seinen Varianten und dem nichtspielerischen Verhalten liegt darin, daß das Spielen bei der Durchführung nicht ökonomischen Prinzipien gehorcht. Die normalen Bewegungselemente werden im Spiel verstärkt, übertrieben, oft nur bruchstückhaft ausgeführt, neu geordnet und wiederholt. Aber warum ist das so? Warum vergeuden Tiere ihre Energie auf diese Weise? Die Antwort lautet normalerweise, daß die Jungtiere die Verhaltensweisen des erwachsenen Tieres einüben müssen, um sich auf das schwere Leben vorzubereiten, das vor ihnen liegt. Das Spiel wird als Trainingsprogramm für die Fertigkeiten betrachtet, die das Tier später im Leben braucht. Ein Einwand dagegen lautet, daß dafür keine spielerischen Übertreibungen nötig sind. Wenn je-

Akrobatisches Spiel: Ein junger Gepard (links) testet seine Kletterfähigkeiten, und ein junger Schimpanse kostet das aufregende Hangeln an Zweigen aus (gegenüberliegende Seite).

Erforschendes Spiel: Ein junger Leopard erforscht einen merkwürdigen beweglichen »Fels« (oben links). Viele räuberische Verhaltensweisen zeigen sich schon im Spiel junger Raubtiere.

Ein junger Makak (oben rechts) untersucht in der Geborgenheit der mütterlichen Umarmung die Biegsamkeit und Anatomie seiner eigenen Gliedmaßen.

mand Geige übt, tut er dies nicht auf übertriebene, spielerische Weise, sondern versucht es nur richtig zu machen. Seine Handlungen sind ernsthaft und kontrolliert, nicht überschäumend. In ähnlicher Weise könnten auch Jungtiere auf ernsthafte, kontrollierte Weise das Verhalten erwachsener Tiere einzuüben versuchen, und sich so auf ihr späteres Dasein vorbereiten, wo Überleben täglich neue Anstrengungen verlangt. Worin liegt also das besondere Geheimnis des Spiels? Was macht es so wichtig, daß es sich so sehr von den übrigen Verhaltensmustern unterscheidet?

Die Antwort darauf ist wahrscheinlich, daß die Verspieltheit ein Signal für die anderen Mitglieder der Gruppe ist, daß die ausgeführten Handlungen nicht in der üblichen Weise zu verstehen sind. Mit anderen Worten: Die Jungtiere machen wirklich ein Training für das spätere Leben durch, sorgen dabei aber dafür, daß ihre Verhaltensweisen nicht falsch verstanden werden. Durch ihr Herumtollen und Possenreißen machen sie jedem klar: »Das ist nur eine Probe.« Auf diese Weise beruhigen sie ihre Eltern. Ohne übertreibendes Element in diesem Verhalten könnte die Mutter zum Beispiel auf die Idee kommen, ihre Jungen würden tatsächlich vor einem Feind fliehen oder ernsthaft kämpfen. Die Älteren wären dann sofort alarmiert und würden als Beschützer eingreifen. Das Spielverhalten ist aber so charakteristisch, daß sogar wir, die wir einer völlig anderen Art angehören, es sofort verstehen.

Und nicht nur die Eltern, auch die Gefährten müssen verstehen, daß es sich nur um ein Spiel handelt. Es muß ganz klar sein, daß der Angriff, der erfolgt, nicht ernst gemeint ist, sondern nur Spaß und Tollerei. Die Bocksprünge zeigen ganz deutlich, daß es sich nur um Spiel handelt – allerdings erst, wenn das Spiel schon begonnen hat. Doch für den Anfang ist noch ein anderes Verhalten erforderlich – ein Signal mit der Aufforderung zum Spielen.

Solche Aufforderungen sind von Art zu Art sehr verschieden. Wir Menschen lächeln und lachen zu diesem Zweck. Schimpansen setzen ein besonders Spielgesicht auf; der Mund bleibt offen, die Lippen sind über die Zähne gezogen, um sie zu verbergen. Hunde fordern durch eine kauernde Stellung mit völlig abgewinkelten Vorderbeinen und gestreckten Hinterbeinen dazu auf. Der Kopf befindet sich dabei nahe am Boden, das Hinterteil hoch in der Luft. Koyoten zeigen ihren Wunsch durch merkwürdig windende Bewegungen und ein Herumrollen an.

Hunden haben für ihre Aufforderung zum Spiel ein besonderes Signal: die spielerische Verbeugung. Die Vorderbeine liegen dem Boden an, Kopf und Vorderkörper sind gebeugt, der Hinterkörper hingegen abgehoben. Das Signal richtet sich an Artgenossen und fordert zum Spielen auf. Ursprünglich handelt es sich wohl um eine Flucht-Intentionsbewegung mit der Botschaft »Wenn du mich verfolgst, werde ich davonlaufen«.

Mungos schlagen mit dem Schwanz hin und her. Füchse führen an Ort und Stelle kleine Laufbewegungen mit den Hinterbeinen durch. Iltisse springen mit gestreckten Beinen in die Luft. Dachse verdrehen leicht den Kopf. Und Braunbären wackeln eigentümlich mit dem Kopf.

Einige besonders verspielte Arten haben mehrere Signale, um zum Spiel aufzufordern. Hunde zum Beispiel kennen nicht nur die spielerische Verbeugung als Aufforderung zum Spiel, sondern bieten ihren Gefährten auch Spielobjekte an oder rollen sich am Boden auf dem Rücken hin und her. Der Fuchs soll nicht weniger als 22 Signale haben, um zum Spiel aufzufordern. Es bleibt jedoch vorerst ein Rätsel, wozu er so viele braucht.

Vielleicht ist es bedeutsam, daß die Arten mit dem stärksten Spiel-

Soziales Spiel: Junge Geparde (unten links) und Erdmännchen (unten rechts) beim spielerischen Kampf. Bei Scheinkämpfen wechseln Jäger und Gejagte viel schneller die Rollen, als es bei ernsthaften Streitigkeiten möglich wäre. Das soziale Spiel ist deswegen so aufregend, weil die Tiere dabei viele Rollen durchleben und die unterschiedlichsten Verhaltensweisen erproben können und das Spielverhalten völlig unökonomisch ist.

trieb auch die größten Opportunisten sind. Affen, Hunde und Füchse sind als Erwachsene stets aktiv, und einer der Gründe, warum sie so häufig spielen, mag der sein, daß sie ein Nervensystem entwickelt haben, dem Inaktivität ein Greuel ist. Wenn die Probleme des Überlebens gelöst sind, wollen diese Tiere dennoch aktiv und beschäftigt sein. Für das Überleben der Jungtiere sorgen die Eltern, indem sie ihnen zu fressen geben, sie putzen und beschützen. Das ist möglicherweise ein Grund, warum das Spielverhalten so häufig bei Jungtieren ist. Es würde auch erklären, warum es bei erwachsenen Tieren ein gewisses Maß an Verspieltheit gibt, wenn sie wohlversorgt sind. Gerade dies beobachten wir bei unseren Haushunden oder -katzen: Selbst ältere Tiere nehmen noch gerne gelegentlich an Spielen teil. In gewisser Hinsicht sind solche Tiere immer noch Kinder in ihrem Verhältnis zu ihren menschlichen Besitzern. Diese stellen Pseudo-Eltern dar, weil sie den Tieren Nahrung verschaffen und sie beschützen. Ihre Verspieltheit ist also ihrer sozialen Rolle angepaßt.

Die einzigen Vögel, bei denen echtes Spielverhalten ausgemacht werden konnte, sind die Krähen oder Raben. Sie sind die Opportunisten par excellence und weisen die höchste Intelligenz unter allen Vogelarten auf. Forscher haben beobachtet, wie junge Krähen Gleichgewichtsspiele durchführten. Sie suchten dabei bewußt den dünnsten und schwierigsten Zweig aus. Sie führen auch spielerische Kämpfe durch, wo sie schnell die Rollen wechseln – typisch für spielerische Begegnungen. Die Gewinner bei einem echten Kampf würden in ihrem Verhalten nie abrupt von Sieger auf Verlierer und zurück umschalten. Beim Spielen hingegen passiert dies ständig.

Die absolut verspielteste, weil auch intelligenteste und opportunistischste aller Arten ist natürlich der Mensch. Da unsere Intelligenz uns einen ganz anderen Lebensstil ermöglicht, weil auch das Überleben kein tägliches Problem mehr darstellt, hat sich die Verspieltheit immer mehr bis ins Erwachsenenalter gehalten. Der kindliche Erwachsene wurde zur Norm, und überall um uns herum begegnen wir spielerischen Verhaltensweisen. Viele unserer sozialen Aktivitäten sind Formen des Erwachsenenspiels. Wir spielen »Essen« im Restaurant und »Trinken« in Bars und Kneipen. Dabei spielen nicht die echten Überlebens-

Eltern verspielen viel Zeit mit ihren Kindern. Manchmal geht es dabei freundlich und zärtlich zu wie zwischen dieser Orang-Utan-Mutter und ihrem Baby (links). Andere Spiele sind rauh und schmerzhaft, wie diesen Löwen anzusehen ist (unten). Die Eltern verhalten sich ihren übermütigen Jungen gegenüber dabei oft erstaunlich tolerant.

notwendigkeiten eine Rolle, sondern ihre spielerische Übertreibung und Ausschmückung. Unsere spielerische Neugier führte zu den Künsten und zur wissenschaftlichen Forschung. Die spielerische Jagd wurde zu einem Sport, das akrobatische Spiel entwickelte sich zu Tanz und Gymnastik. Aus dem spielerischen Kampf wurde Politik. Die Namen der Tätigkeiten haben wir geändert, damit wir uns erhabener und durchgeistigter fühlen, doch liegen die spielerischen Wurzeln dieser Beschäftigungen für jeden objektiven Tierbeobachter klar auf der Hand.

Putzverhalten

Tiere werden oft ungerecht beurteilt. Wenn wir einen Menschen als Dreckschwein oder Ferkel beschimpfen, so wollen wir damit sagen, daß sie nicht sauber sind. Das ist eine grobe Fehleinschätzung der Tatsachen. Wildtiere können es sich nicht leisten, schmutzig zu sein. Sie würden dadurch schnell im Überlebenskampf benachteiligt und würden erkranken. Tatsächlich haben die Tiere immer das Bedürfnis, möglichst sauber zu sein, und verwenden deswegen Tag für Tag viel Zeit auf Haut- und Körperpflege. Die einzigen wirklich schmutzigen Tiere sind die, welche der Mensch in dreckigen Ställen hält. Wahrscheinlich waren sie es, die zu den Schimpfwörtern führten.

Es gibt in der Tierwelt auch Ausnahmen von dieser Regel. Doch bei näherer Betrachtung kann man sie leicht erklären. Einige Tierarten lieben es, sich in Schlammlöchern zu suhlen. Dabei bedecken sie sich mit einer dicken Schlammschicht. Diese trocknet nach dem Baden aus. Dann sehen die Tiere

Es heißt oft, Tiere seien schmutzig, dabei sind sie in Wirklichkeit sehr reinlich. Selbst das Suhlen in Schlammlöchern dient der Hautpflege. Die Tiere entfernen damit Hautparasiten und schützen sich durch die trocknende Schlammschicht auf dem Körper vor blutsaugenden Insekten. Das Suhlen ist häufig beim afrikanischen Kaffernbüffel und Elefanten (unten), bei Flußpferden und Warzenschweinen (nächste Seite) zu sehen.

sehr verdreckt aus. Bei Schweinen und Nashörnern ist das Suhlen besonders häufig zu beobachten, und es ist für sie auch sehr wichtig. Das Suhlen dient nämlich der Hautreinigung. Es soll Parasiten bekämpfen, die sich bereits in der Haut eingenistet haben. Die Schlammschicht auf der Haut stellt eine Barriere für Insekten dar, die Blut saugen oder auf der Haut Eier legen wollen. Außerdem dient die Schlammschicht auch der Kühlung, denn während des Trocknens wird dem Körper durch Verdunstung des Wassers Wärme entzogen.

Schweine und Nashörner sind nicht allein mit diesem Verhalten. Auch Wasserbüffel, Hirsche und viele andere Großsäuger suhlen gerne. Rothirschmännchen verbringen im Frühjahr und Sommer viel Zeit mit Suhlen. Sie suchen sich einen geeigneten Fleck, vorwiegend in einem Torfgebiet, und scharren so lange mit ihren Vorderbeinen den Boden, bis ein Schlammloch entstanden ist. Dann rollen und reiben sie sich darin. Dabei verlieren sie eine Menge toter Haare und bekämpfen die Parasiten, die sie während der warmen Jahreszeit plagen.

Andere Säugetiere erwecken ebenfalls auf den ersten Blick bzw. beim ersten Schnuppern den Eindruck, als wollten sie sich bewußt schmutzig machen. Das ist zum Beispiel der Fall, wenn ein Wolf oder Hund sich in den Exkrementen anderer Tiere wälzen. Doch auch dieses für uns unappetitliche Verhalten hat einen besonderen Grund. Die Wölfe »maskieren« so ihren eigenen Duft durch einen fremden. Auf diese Weise sind sie besser für die Jagd getarnt.

Abgesehen von diesen Spezialfällen haben Wildtiere ein starkes Verlangen, ihren Körper sauber und ihr Fell glänzend zu halten und von Fremdkörpern zu befreien. Dazu putzen sie sich regelmäßig in oft komplexen Bewegungsabfolgen. Am ausgiebigsten putzen sich Vögel, Säuger und Affen.

Aber auch Wirbellose halten sich auf die eine oder andere Art sauber. Insekten richten ihre besondere Aufmerksamkeit dabei auf ihre Fühler und die Oberfläche ihrer Facettenaugen. Die als schmutzig geltende Stubenfliege verbringt viel Zeit mit dem Putzen des Kopfes, des Körpers und der Flügel. Bienen entfernen nach dem Besuch von Blüten übriggebliebene Pollenkörner. An den Vorderbeinen haben sie eine Einkerbung mit einem Kamm, durch die sie ihre Fühler ziehen. Auch

Reptilien wie die Schlangen (links) und die Geckos (unten) stoßen von Zeit zu Zeit ihre alte Haut ab. Die Haut der Geckos fällt dabei in großen Stücken ab, während die Schlangen sie im Stück loswerden (»Natternhemd«).

Pollenkörner am Körper werden entfernt und im Körbchen an den Hinterbeinen gesammelt.

Die Amphibien tun nicht viel mehr, als sich mit den Vorderfüßen über die Augen und den Mund zu wischen. Auch das Putzrepertoire der Reptilien ist nicht viel größer. Bei der Häutung reiben sie sich allerdings ausgiebig an harten Objekten. Eine Schlange beginnt damit, daß sie die Kopfseite gegen einen Stein oder ein Holzstück scheuert. Wenn die alten Haut um die Lippen herum aufspringt, kann die Schlange sie abstreifen. Wenn alles gutgeht, verläuft dies wie beim Ausziehen eines Gummihandschuhs. Die alte Haut stülpt sich dabei nach außen, und das Tier schlängelt sich glitzernd und glänzend in seinem neuen Kleid davon. Läßt sich die alte Haut nicht so leicht abziehen, muß das Kriechtier sich noch tagelang an Felsen oder Holzstämmen reiben, bis auch die letzten Hautfetzen entfernt sind. Damit daß die Reptilien ihre Haut von Zeit zu Zeit wechseln können, haben sie einen großen Vorteil gegenüber anderen Tieren. Vögel und Säuger haben es da schwerer, denn Federn und Haare erfordern eine intensive Pflege.

Die Putzsequenz eines Kleinvogels ist faszinierend zu beobachten.

Beim Baden zeigen die Vögel lange, komplexe Sequenzen festgelegter Verhaltensweisen. Der australische Scharlachtrugschmätzer beginnt ein solches Badeverhalten mit kräftigem Schütteln des Körpers.

Wenn ein kleiner Fink zu einer Wasserstelle fliegt, um zu trinken, so schaut er sich nach möglichen Gefahren um und beginnt dann langsam mit dem Bad. Wird er dabei nicht unterbrochen, so dauert das folgende Verhalten gut eine halbe Stunde. In dieser Zeit führt das Tier über tausend getrennte Putzhandlungen in einer bestimmten festgelegten Abfolge durch. Hier eine solche typische, allerdings stark vereinfachte Sequenz:

1. Der Vogel fliegt an den Rand der Pfütze.
2. Er trinkt und schaut sich um.
3. Er trinkt wieder und schüttelt dann seinen Kopf außerhalb des Wassers.
4. Er hüpft ins Wasser und zögert einen Augenblick.
5. Er steht im seichten Wasser, beugt sich vor und schüttelt den Kopf unter Wasser. Dann richtet er sich auf.
6. Nun biegt er Beine durch, so daß auch der Bauch ins Wasser eintaucht. Gleichzeitig sträubt er die Bauchfedern ganz ab. Auch den Schwanz senkt der Vogel unter die Wasseroberfläche.
7. Er hält den Kopf unter Wasser und schüttelt ihn dabei. Gleichzeitig schüttelt er die Flügel und bisweilen auch den Schwanz.
8. Er hebt den Kopf wieder aus dem Wasser und schüttelt die Flügel erneut. Auch der Schwanz wird fächerförmig gespreizt und durchgeschüttelt.
9. Nun kommt er richtig und führt abwechselnd die Handlungen 7 und 8 durch: Kopf runter und schütteln/Kopf hoch und schütteln/Kopf runter und schütteln usw.

10. Der Vogel springt aus dem Wasser und schüttelt sich mehrere Male.
11. Der Vogel fliegt schwerfällig auf einen Zweig.
12. Er wischt seinen Schnabel wiederholt am Zweig ab und säubert dabei beide Seiten.
13. Er reibt sein Gesicht am Zweig und entfernt dabei Wasser aus der Augengegend.
14. Er schüttelt den Kopf mehrere Male und wischt den Schnabel erneut ab.
15. Er schüttelt den Körper mehrmals.
16. Er verdreht den Kopf und berührt mit der Schwanzspitze die Stelle, wo der Rumpf in den Schwanz übergeht. Dort befindet sich die ölproduzierende Bürzeldrüse. Der Vogel preßt mit dem Schnabel ein Öltröpfchen aus der Drüse und nimmt es auf.
17. Er verteilt das Öl über die gesamte Oberfläche seines Schnabels.
18. Er beginnt mit der Gefiederpflege, wobei er den Schnabel durch die Federn zieht.
19. Er ölt den Schnabel erneut ein und verteilt das Öl wiederum auf die Federn.
20. Die Gefiederpflege geht weiter.
21. Der Vogel hört plötzlich mit der Gefiederpflege auf und schüttelt seine Flügel mit einer kräftigen schwirrenden Bewegung, als wenn er an Ort und Stelle fliegen wollte. Diese Bewegung unterscheidet sich beträchtlich vom Schütteln des Körpers, das der Vogel zuvor mehrmals durchgeführt hat. Bei diesem schwirrenden Schütteln sollen die Federn getrocknet werden. Auch der Schwanz führt eine ähnliche schnell vibrierende Bewegung durch.
22. Nun folgt abwechselndes Putzen und Flügelschwirren. Diese Phase dauert sehr lange, wobei die anfänglich kurzen Handlungen der Gefiederpflege zwischen dem Flügelvibrieren immer länger werden.
23. Schließlich putzt sich der Vogel mehrmals ausdauernd. Und damit endet sein Reinigungsritual.

Das Verhaltensmuster unterscheidet sich leicht von Art zu Art. Die hier beschriebene Abfolge zeigt aber deutlich die Komplexität des Putzverhaltens bei den Vögeln. Dabei werden die Federn von Schmutz und Parasiten befreit und wieder eingeölt. Außerdem wird jede Feder geglättet und das Gefieder sorgfältig in Ordnung gebracht, damit es eine wirksame Isolierschicht bildet. Das ist lebenswichtig. Vögel haben eine viel höhere Körpertemperatur als wir, daher muß ihr Gefieder eine isolierende Luftschicht enthalten. Mit zerzausten Federn wäre das nicht möglich, und der Vogel bekäme schnell die Konsequenzen zu spüren.

Beim Gefiederputzen wird der Vogel auch mit dem lebensnotwendigen Vitamin D versorgt. Der Vogel verteilt das Öl in seinem Gefieder. Dabei wird es auch dem Sonnenlicht ausgesetzt, so daß die Synthese des Vitamins D erfolgen kann. Dieses wird dann bei der nächsten Gefiederpflege wieder mit dem Schnabel aufgenommen. Vögel mit Schäden an ihren Bürzeldrüsen entwickeln die Vitamin-D-Mangelkrankheit

Wasservögel zeigen beim Baden ein besonders Verhaltensrepertoire. Sie schütteln dabei wiederholt kräftig ihre Flügel wie dieser Schwan (oben).

Viele Vögel lieben Staubbäder. Sie graben sich in den Boden ein, lassen sich nieder und schütteln dann ihre Federn kräftig. Besonders die Hühnervögel mögen solche Staubbäder, zum Beispiel Rebhühner (Mitte) und Kammhühner (unten).

Rachitis. Die Hauptaufgabe des Öls ist aber ohne Zweifel, die Federn wasserabstoßend zu machen. Das zeigt sich schon an der Tatsache, daß Wasservögel die größten Bürzeldrüsen haben.

Einige Vögel, zum Beispiel Hühner, ziehen ein trockenes Bad einem nassen vor. Sie verhalten sich dabei so ähnlich wie der Fink bei seinem Bad, verwenden aber Staub statt Wasser. Der für seinen großen Opportunismus berühmte Hausspatz badet im Staub genausogern wie in Wasser, je nachdem, was gerade zur Verfügung steht. Bäder in Staub oder Sand scheinen ebenso effizient bei der Gefiederreinigung zu sein wie ein Wasserbad, denn mit den Staubkörnchen werden beim vibrierenden Schütteln des Körpers auch die Federparasiten entfernt.

Außer in Wasser, Sand und Staub baden einige Vögel auch gerne in Ameisen, Rauch, Flammen und im Sonnenlicht. Ameisenbäder haben den Tierbeobachter seit jeher fasziniert, denn die Vögel scheinen sich dabei in einer Art Rauschzustand zu befinden. Sie machen einen Eindruck wie ein Junkie unter Drogen. Sie legen sich schlapp auf das Ameisennest, sträuben die Federn, breiten die Flügel aus und lassen die erbosten Ameisen über ihren ganzen Körper laufen. Einige Vögel nehmen sogar einzelne Ameisen in den Schnabel und streichen damit über ihre Federn, besonders über die Spitzen der Schwungfedern. Man nimmt an, daß die Vögel das alles tun, weil die stechend riechende Ameisensäure ein prickelndes Wärmegefühl hervorruft. Einige Beobachter sehen darin eine Stimulierung der Haut, in der Wirkung so ähnlich, wie wenn ein Mann ein starkes Aftershave benutzt. Andere Zoologen glauben, es handele sich um eine Art Sucht, ein Schnüffeln auf Kosten der Ameisen. Eine orthodoxere Ansicht sieht darin keineswegs einen Drogentrip der Vögel, sondern behauptet, die Vögel würden mit Hilfe der Ameisensäure ihr Gefieder von irritierenden Hautparasiten befreien. Man nimmt an, daß der drastisch steigende Säuregehalt der Hautoberfläche den Parasiten schadet, sie vertreibt oder abtötet.

Das letzte Wort über das Ameisenbad ist noch nicht gesprochen, und das Thema bleibt faszinierend. Ein Forscher hat es mit dem Rauchbad verglichen, einer noch merkwürdigeren Angelegenheit. Einige Vögel, besonders Krähen, sitzen manchmal wie in Ekstase oben auf Kami-

Das Ameisenbad des Eichelhähers fasziniert schon seit langem die Tierbeobachter. Der Vogel setzt sich auf ein Ameisennest, sträubt seine Federn und ermöglicht es so den Ameisen, in sein Gefieder zu kriechen. Der Eichelhäher nimmt auch einzelne Ameisen mit dem Schnabel auf und streift sie über seine Flügelfedern. Einer Theorie zufolge befreien sich die Vögel mit Hilfe der Ameisensäure von Hautparasiten.

nen, sträuben ihre Federn und baden im aufsteigenden Rauch. Einige zahme Vögel versuchten sogar, in Flammen zu baden. Diese Beobachtungen könnten die Hypothese stützen, daß alle diese Formen des Badens, in Ameisen, in Rauch und in Flammen, eher etwas mit Stimulierung durch Wärme als mit Putzverhalten zu tun haben. Die Gegner dieser Anschauung meinen, Rauch und Flammen seien gegen Hautparasiten genauso wirksam wie die Ameisensäure. Ihrer Ansicht nach dienen alle drei Badesitten der Schädlingsbekämpfung.

Ähnliche Meinungsunterschiede gibt es, was das Sonnenbad anbelangt. Viele Vögel legen sich an einem sonnigen Tag ins Gras und scheinen auf geradezu gefährliche Weise die Welt um sich herum zu vergessen, ähnlich den Sonnenanbetern unter den Menschen. Die Vögel spreizen ihre Flügel, sträuben die Federn und neigen den Kopf; oft haben sie dabei auch die Augen geschlossen. In diesem Zustand können sich Räuber leicht nähern, und wenn die Vögel dabei ein solches Risiko eingehen, muß es schon einen gewichtigen Grund dafür geben. Worum es sich dabei handelt, ist noch umstritten. Wiederum nehmen die einen Forscher eine genüßliche, süchtig machende Stimulierung durch Wärme an, während das Sonnenbad für die anderen ein prosaisches Verfahren zur Gefiederpflege darstellt. Die Sonnenhitze soll dabei Parasiten vertreiben. Diese ziehen sich, so heißt es, in Panik in die Erde unter ihrem Wirt zurück. Wenn die Vögel wieder aufstehen und davonfliegen,

Sonnenbaden ist sehr beliebt bei Reptilien, wie dieser Schmuckschildkröte (oben), bei Säugern wie den Erdmännchen (Mitte) und dem Seelöwen (unten). Vögel nehmen dabei besondere Körperstellungen ein. Die Marabus (gegenüberliegende Seite oben) spreizen zum Beispiel die Flügel ab, fächern den Schwanz auf und sträuben die restlichen Federn. Eine ähnliche Haltung zeigt auch die Amsel (gegenüberliegende Seite, unten links), die ihre Flügel allerdings nicht so stark abspreizt. Der Goliathreiher (gegenüberliegende Seite, unten rechts) senkt beim Sonnenbad die Flügel und öffnet sie so, daß deren Unterseiten den Sonnenstrahlen ausgesetzt sind.

Nagetiere wie diese Wanderratte (rechts) zeigen ein langes, kompliziertes Putzverhalten, bei dem sie ihr Fell ausgiebigst sorgfältig pflegen. Auch die Affen verbringen viel Zeit damit, ihr Fell zu untersuchen und sauberzuhalten (unten). Dabei zeigen sie aber nicht die schnellen Verhaltenssequenzen, die für die Nagetiere typisch sind. Statt dessen arbeiten sie sich mit ihren Händen langsam durch das Fell. Alle Schmutzteilchen und abgestorbenen Hautreste werden dabei entfernt.

lassen sie ihre Parasiten zurück. Überdies gilt die Sonnenwärme als Tonikum für die Federn und fördert ohne Zweifel die Entstehung des Vitamins D.

Wie die Vögel verwenden auch die Säuger viel Aufmerksamkeit auf die Pflege ihrer äußeren Erscheinung. Nagetiere zeigen ein aufwendiges Putzverhalten, das nach einem genauso komplexen und festgelegten Muster abläuft wie bei den Vögeln. Eine solche »Sitzung« beginnt normalerweise mit dem Waschen des Mundes. Dann lecken die Nager ihre Pfoten und fahren sich damit über die Lippen. Dann sind die Tasthaare und das restliche Gesicht an der Reihe. Mit den Vorderbeinen fahren die Nager über ihre Ohren. Mit den beiden Pfoten pflegen sie erst die eine Körperseite, dann die andre. Die Körperpflege erstreckt sich dann weiter auf die Hinterbeine und schließlich den Schwanz. Wie bei den Vögeln gibt es viele kleinere Varianten, doch folgt jede Art einem vorgegebenen Muster, das angeboren zu sein scheint. Nager mit großen Ohren widmen den Gehörgängen besondere Aufmerksamkeit. Sie befeuchten die Spitzen ihrer Hinterpfoten, führen sie mit äußerster Sorgfalt in den Ohrkanal ein, ziehen sie wieder heraus, lecken sie ab und führen sie wieder ein.

Viele Nager lieben ein Sandbad, doch kann hier der Schein trügen. Einigen Arten geht es dabei in erster Linie darum, Duftmarken zu setzen. Deswegen ist Vorsicht geboten, wenn man dieses Verhalten dem Putzen zuordnen will.

Primaten haben flache Fingernägel und suchen damit stundenlang in ihrem Fell nach Schmutz, Parasiten und toten Hautpartikeln. Fast alles, was sie finden, fressen sie auf und schmatzen dabei mit den Lippen. Einige primitivere Affenformen wie die Buschbabys und ihre Verwandten haben noch einen krallenartigen Nagel an der zweiten Zehe der Hinterbeine. Alle übrigen Zehen und Finger tragen flache Nägel. Mit ihren beiden scharfen Krallen können diese Tiere sich genüßlich nach Hundemanier kratzen, wenn es sie juckt.

Die Körperpflege bei den Säugern beschränkt sich aber nicht auf die Suche mit der Hand. Viele Arten, besonders die Katzen, lecken sich auch gerne das Fell. Hunde lecken gerne ihre Pfoten, das Fell jedoch nur selten. Die meisten Säuger knabbern mit ihren Zähnen an juckenden Hautstellen. Größere Tiere reiben sich gerne an Baumstämmen, Felsen oder Zweigen. Einige rollen sich auf dem Boden, und wieder andere versuchen mit ihren langen Schwänzen oder Ohren lästige Insekten zu verjagen. Viele Säuger können festumrissene Hautpartien in vibrierende Bewegungen versetzen, wenn sie spüren, daß darauf ein Insekt gelandet ist. Wie die Vögel schütteln auch die Säuger kräftig ihren Körper, besonders nach einem Bad, wie jeder Hundebesitzer zu seinem Leidwesen weiß.

Bei Vögeln und Säugern kommt es auch häufig vor, daß die Tiere sich gegenseitig putzen. Vögel fordern Artgenossen dazu auf, indem sie den Kopf zurücklegen und die Halsfedern sträuben. Ein Artgenosse fin-

Wie alle Katzenbesitzer aus eigener Erfahrung wissen, lieben es Katzen, mit den Krallen der Vorderbeine Gegenstände zu zerkratzen. Man nahm immer an, dieses Verhalten diene der Schärfung der Krallen. Tatsächlich handelt es sich um eine Kombination zwischen Muskeltraining und Erneuerung der Krallen. Wenn das Tier seine Krallen über nicht allzu harte Oberflächen zieht, stärkt es damit die überaus wichtigen Muskeln zum Ausstrecken und Einziehen der Krallen. Gleichzeitig werden alte, abgenutzte Krallenhüllen entfernt, unter denen scharfe neue Krallen zum Vorschein kommen. Überdies markieren die Katzen dabei auch noch die betreffenden Oberflächen mit ihrem Duft. Die Duftstoffe stammen aus Drüsen an der Unterseite der Pfoten. Im Bild auf der gegenüberliegenden Seite ein Ozelot.

Die Kängurubs mit ihren merkwürdig proportionierten Beinen pflegen mit den Vorderpfoten vor allem die Beutelgegend.

det den Anblick dieser gesträubten Federn unwiderstehlich und beginnt mit der Gefiederpflege. In all diesen Fällen putzt ein Artgenosse nur jene Hautpartien, die das Tier selbst nicht erreichen kann. Einige Forscher vertreten die Ansicht, daß die soziale Hautpflege nicht in erster Linie der Pflege des Gefieders gelte, sondern im Grunde dazu diene, Aggressionen abzubauen, damit aus gefährlichen Schnabelhieben auf den Kopf ein harmloses Picken zur Gefiederpflege werde. Dadurch würden Spannungen abgebaut. Ohne Zweifel spielt das auch eine Rolle, doch es reicht nicht als Erklärung. Es trifft zu, daß die Paarbindung durch soziale Hautpflege bei Vögeln wie bei Säugern verstärkt wird, und ohne Zweifel fördert sie die Entstehung einer Atmosphäre, die frei von Feindseligkeiten ist. Gleichzeitig findet jedoch auch echte Körperpflege statt. Das gilt besonders für die Affen, die viele Stunden mit der gegenseitigen Körperpflege verbringen. Der Partner kommt dabei leichter an Stellen der Haut heran, die man selbst nicht erreichen kann. Schließlich gibt es ein sehr schönes Beispiel für eine gegenseitige Hautpflege, die nur dieses war und nichts anderes.

Zwei erwachsene Schimpansen hatten sich viele Jahre einen Käfig geteilt, und ihre Beziehung war eher feindlich und oft aggressiv. Einmal aber wandte sich das Weibchen wimmernd an das Männchen. Das Weibchen setzte sich, und das Männchen kam sofort zu ihr. Es nahm ihren Kopf sanft, aber entschieden in die linke Hand und begann ihr linkes unteres Augenlid mit dem rechten Zeigefinger herabzuziehen. Das Männchen untersuchte genau das linke Auge des Weibchens und fand schließlich einen kleinen Fremdkörper, den es sehr vorsichtig entfernte. Menschen hätten sich unter entsprechenden Umständen wohl ganz ähnlich verhalten. Bei anderen Gelegenheiten sah man, wie Menschenaffen mit zwei Fingern Splitter aus der Haut ihrer Gefährten entfernten. Die Tiere haben zwar nicht so herrliche Seifen, Puder und Lotionen wie wir, doch schmutzig sind sie nicht.

Register